BestMasters

Mit „BestMasters“ zeichnet Springer die besten Masterarbeiten aus, die an renommierten Hochschulen in Deutschland, Österreich und der Schweiz entstanden sind. Die mit Höchstnote ausgezeichneten Arbeiten wurden durch Gutachter zur Veröffentlichung empfohlen und behandeln aktuelle Themen aus unterschiedlichen Fachgebieten der Naturwissenschaften, Psychologie, Technik und Wirtschaftswissenschaften.
Die Reihe wendet sich an Praktiker und Wissenschaftler gleichermaßen und soll insbesondere auch Nachwuchswissenschaftlern Orientierung geben.

Sascha Trübelhorn

# Ein POD-ROM-Verfahren für stationäre Strömungsprobleme

## Anwendung auf einen aerodynamischen Testfall mit Nebenbedingungen

Mit einem Geleitwort von
Prof. Dr. Andreas Meister

Springer Spektrum

Sascha Trübelhorn
Universität Kassel, Deutschland

BestMasters
ISBN 978-3-658-13314-6 ISBN 978-3-658-13315-3 (eBook)
DOI 10.1007/978-3-658-13315-3

Die Deutsche Nationalbibliothek verzeichnet diese Publikation in der Deutschen Nationalbibliografie; detaillierte bibliografische Daten sind im Internet über http://dnb.d-nb.de abrufbar.

Springer Spektrum


Gedruckt auf säurefreiem und chlorfrei gebleichtem Papier

Springer Spektrum ist Teil von Springer Nature
Die eingetragene Gesellschaft ist Springer Fachmedien Wiesbaden GmbH

# Geleitwort

Die aerodynamische Auslegung und Konstruktion von Flugzeugen stellt auch heutzutage immer noch einen wichtigen Bereich im Rahmen der Luftfahrt dar. Numerische Verfahren sind aufgrund der immensen Kosten für die Planung und Durchführung von Experimenten dabei unabdingbar. Aber auch die numerischen Verfahren werden aufgrund der stetig steigenden Anforderungen hinsichtlich der geforderten Genauigkeit der Resultate und der zunehmenden Komplexität der physikalischen Randbedingungen immer rechenzeit- und damit kostenintensiver. Will man ganze Testserien zur Abdeckung von eingehenden Parameterräumen durchführen, die beispielsweise durch Variation der Reynolds- oder Mach-Zahl, aber auch des Anstellwinkels der Luftströmung zum Flugobjekt entstehen, so sind immense Rechenzeiten erforderlich, ohne damit den Parameterraum in seiner Gesamtheit abdecken zu können. An dieser Stelle spielen Reduced-Order Models eine zentrale Rolle, da mit ihnen Näherungslösungen aus bestehenden Rechnungen auch für Szenarien erzeugt werden können, zu denen keine Simulationen vorliegen. Diese Vorgehensweise bedarf dann jedoch einer gezielten, physikalisch sinnvollen Konstruktion dieser Näherungslösungen im Parameterraum. An dieser Aufgabenstellung setzt die Masterarbeit von Herrn Sascha Trübelhorn an.

Die Nutzung eines vom Autor beschriebenen Reduced-Order Models setzt ein Erzeugendensystem aus Full-Order-Lösungen voraus, das mit Hilfe eines Finite-Volumen-Verfahrens für unterschiedliche Parameterwerte bestimmt wird. Generell ist man jedoch an einer Basis anstelle eines Erzeugendensystems interessiert. Daher erzeugt Herr Trübelhorn zunächst auf der Grundlage einer Karhunen-Loeve-Zerlegung ein linear unabhängiges System aus sogenannten POD-Moden, die eine Basis beschreiben. Durch eine Linearkombination dieser Moden wird dann für einen gegebenen Parameterwert eine Näherungslösung bestimmt. Der Autor beschreibt und beweist dabei sehr gut verständlich wie auf der Basis der Eigenwerte der Korrelationsmatrix die POD-Moden bestimmt werden können. Hiermit liegt eine Orthonormalbasis vor, die eine exakte Rekonstruktion aller Snapshots als Linearkombination ermöglicht.

Die Fragestellung, der sich Herr Trübelhorn abschließend stellt, liegt in der Berechnung des POD-Koeffizientenvektors zu einem gegebenen Parameterwert. Hierzu werden drei verschiedene Interpolationsansätze, die Thin-Plate-Spline Interpolation, die bilineare und die bikubische Interpolation vorgestellt und diskutiert.

Numerische Ergebnisse runden die Masterarbeit sehr gelungen ab. Nach einer Erstellung der sogenannten Snapshot-Basis, also einer Menge von Testrechnungen, die den Parameterraum in angemessener Weise abdecken, werden zahlreiche Zwischenlösungen im Parameterraum verglichen.

Die Masterarbeit zeichnet sich durch eine klare und exakte Formulierung aus und liefert eine solide Basis für weitere Forschungsarbeiten in diesem hochaktuellen und spannenden Themenbereich.

*Kassel, im November 2015* *Prof. Dr. Andreas Meister*

# Vorwort

Diese Masterarbeit beschloss mein Masterstudium der Mathematik an der Universität Kassel vom Wintersemester 2012/2013 bis zum Sommersemester 2014. Zum Zeitpunkt der Abgabe meiner Masterarbeit vor über einem Jahr war mir die Reihe *BestMasters* des Springer Spektrum Verlages noch nicht bekannt. Mein Erstgutachter Prof. Dr. Andreas Meister machte mich darauf aufmerksam und schlug meine Arbeit zur Veröffentlichung im Rahmen dieser Buchreihe vor. Zu meiner großen Freude hielt die Arbeit einer Prüfung des Verlages stand. Ich bin mir der damit verbundenen Wertschätzung meiner Arbeit bewusst und spreche Herrn Meister für die Empfehlung meiner Arbeit sowie Frau Göhrisch-Radmacher vom Springer Spektrum Verlag für die sehr freundliche Kommunikation zur Klärung der Formalitäten meine Dankbarkeit aus.

An dieser Stelle möchte ich auch noch einmal dem Betreuer und Zweitgutachter dieser Masterarbeit, Prof. Dr. Philipp Birken danken. Die Bereitstellung des aktuellen, relevanten und hochinteressanten Themas des Reduced-Order Modeling, die kontinuierliche und kompetente Hilfe bei zahlreichen Fragen und Problemen meinerseits sowie die Gewährung der Möglichkeit, meine Arbeit vorab im Rahmen eines Kurzaufenthaltes an der Universität Lund in einem Seminarvortrag präsentieren zu können und dabei viel nützliches Feedback zu bekommen, waren die optimalen Voraussetzungen, welche aus meiner Sicht zum Gelingen der Arbeit beigetragen haben. Ebenfalls danke ich Veronika Straub für die freundliche Starthilfe bei der Einarbeitung in die mir bis dahin noch unvertraute Programmiersprache C++ und den in dieser Arbeit zur Berechnung der stationären Lösungen benutzen Finite-Volumen-Code.

Meine Verlobte Vanessa kannte ich während des Entstehungsprozesses dieser Arbeit noch kaum. Dennoch gilt ihr mein herzlichster Dank dafür, dass sie das vergangene Jahr allen gemeinsam durchlebten Turbulenzen zum Trotz – oder vielleicht auch gerade deshalb – zum besten meines bisherigen Lebens gemacht hat.

*Kassel, im November 2015* *Sascha Trübelhorn*

*The time you enjoy wasting is not wasted time.*
— Marthe Troly-Curtin

# Inhaltsverzeichnis

**Lesehinweis für die Printversion:**

Die ursprünglich farbig angelegten Abbildungen stehen auf der Produktseite zu diesem Buch unter www.springer.com zur Verfügung.

---

Die Originalversion des Buches wurde revidiert. Ein Erratum ist verfügbar unter https://doi.org/10.1007/978-3-658-13315-3_11

# 1 Einleitung

Diese Arbeit befasst sich mit der effizienten numerischen Berechnung parameterabhängiger zweidimensionaler stationärer Strömungen. Als physikalisches Modell zur Beschreibung dieser Strömungen dienen die Euler-Gleichungen, welche zur Klasse der hyperbolischen Erhaltungsgleichungen, einer speziellen Form zeitabhängiger partieller Differentialgleichungen, zählen und einen Spezialfall der Navier-Stokes-Gleichungen zur Beschreibung reibungsfreier Fluide darstellen.

Zur Berechnung stationärer Strömungslösungen verwenden wir ein Finite-Volumen-Verfahren auf einem sekundären räumlichen Gitter in Verbindung mit einer numerischen Flussfunktion zur Approximation des exakten Flusses der Euler-Gleichungen.

Im Kontext des auf diese Weise erhaltenen *Full-Order Model* (FOM) der Strömung können stationäre Lösungen mittels eines impliziten Pseudozeitintegrationsverfahrens berechnet werden. Dieses Vorgehen ist bedingt durch die hohe Anzahl notwendiger Pseudozeitschritte und das im Rahmen des impliziten Verfahrens auftretende Problem der Lösung großer linearer Gleichungssysteme sehr rechenintensiv.

Steht die Berechnung einer hohen Anzahl von Lösungen für verschiedene Eingabeparameterwerte im Vordergrund, ist der Einsatz eines *Reduced-Order Model* (ROM) sinnvoll, welches grundlegende Eigenschaften des FOM erhält, jedoch um ein Vielfaches weniger rechenintensiv ist. Dieses ROM wird auf der Grundlage einiger teurer Lösungen des FOM – den sogenannten Snapshots – erstellt und ist anschließend in der Lage, stationäre Lösungen für bisher unerprobte Eingabeparameterwerte sehr viel schneller als das FOM zu produzieren. Hierzu wird die Lösung als eine Linearkombination sogenannter POD-Moden konstruiert, welche mittels einer *Proper Orthogonal Decomposition* (POD) aus den Snapshots berechnet werden. Zur Bestimmung der Koeffizienten der Linearkombination werden verschiedene multivariate Interpolationstechniken genutzt.

Wir wenden dieses POD-ROM-Verfahren in der vorliegenden Arbeit zur Berechnung der stationären Strömung um ein NACA0012-Tragflächenprofil in Abhängigkeit der Parameter Anstellwinkel und Mach-Zahl an. Zusätzlich testen wir an dem selben Problem das von Zimmermann et al. [24] entwickelte C-LSQ-ROM-Verfahren, welches die Berechnung von ROM-Lösungen unter gegebenen aerodynamischen Nebenbedingungen wie z. B. festgelegten Auftriebs- oder Widerstandsbeiwerten ermöglicht. Hierzu wird ein *least squares* Minimierungsproblem mit Nebenbedingungen in ein äquivalentes nebenbedingungsfreies gewichtetes nichtlineares Minimierungsproblem umgeformt und anschließend mittels des Gauß-Newton-Verfahrens gelöst.

## 1.1 Gliederung

In Kapitel 2 werden die Euler-Gleichungen aus den Erhaltungsprinzipien von Masse, Impuls und Energie hergeleitet und es werden für die folgenden Kapitel wichtige Eigenschaften dieser Gleichungen vorgestellt. Kapitel 3 umfasst die Darstellung diverser Tragflächenprofilgrößen sowie die Beschreibung des verwendeten NACA0012-Profils. Der zweite Abschnitt dieses Kapitels beleuchtet die gewählte Raumdiskretisierung und beschreibt, wie mit Hilfe eines Finite-Volumen-Verfahrens die ursprünglichen Euler-Gleichungen in eine semidiskrete Form überführt werden können. Die gewählten Anfangs- und Randwerte für die Euler-Gleichungen sowie die Parameter, von denen die stationäre Lösung abhängt, werden in Kapitel 4 thematisiert. Das daran anschließende zentrale Kapitel 5 widmet sich der eingehenden Beschreibung des POD-ROM-Verfahrens und erklärt, wie sich auf effiziente Weise anhand der aus den Snapshots abgeleiteten POD-Moden ROM-Lösungen für unerprobte Parameterwerte berechnen lassen. Das C-LSQ-ROM-Verfahren, welches aerodynamische Nebenbedingungen in das ROM miteinbezieht, ist Gegenstand des zweiten Abschnitts in diesem Kapitel. Um im Rahmen des ROM geeignete POD-Koeffizienten zur Bestimmung von ROM-Lösungen zu berechnen, wurden drei verschiedene bivariate Interpolationsmethoden genutzt, welche in Kapitel 6 vorgestellt werden. Kapitel 7 widmet sich zum einen der genaueren Beschreibung der in Kapitel 3 eingeführten numerischen Flussfunktion und zum anderen der Beschreibung eines impliziten Pseudozeitintegrationsverfahrens zur Bestimmung einer stationären Strömungslösung im Rahmen des FOM. Hierbei werden auch die Lösung der impliziten Gleichung und die Lösung der dabei auftretenden linearen Gleichungssysteme inklusive einer effektiven Präkonditionierungstechnik thematisiert. Einige mit der Umströmung des Tragflächenprofils zusammenhängende aerodynamische Kenngrößen sowie deren numerische Berechnung werden in Kapitel 8 beschrieben. Diese können als Nebenbedingungen bei C-LSQ-ROM festgelegt werden. Die Ergebnisse der im Rahmen dieser Arbeit durchgeführten numerischen Rechnungen werden ausführlich in Kapitel 9 präsentiert und die daraus gewonnenen Erkenntnisse abschließend in Kapitel 10 zusammengefasst, wobei auch auf weiterführende noch offene Fragestellungen, welche sich aus dieser Arbeit ergeben haben, eingegangen wird.

## 1.2 Notationen und Bezeichnungen

- Seien $\mathbb{N} = \{1, 2, \ldots\}$ die Menge der natürlichen Zahlen, $\mathbb{N}_0 = \{0\} \cup \mathbb{N}$ und $\mathbb{R}$ die Menge der reellen Zahlen.

- $\delta_{ij} = \begin{cases} 0, & i \neq j, \\ 1, & i = j \end{cases}$ bezeichnet das Kronecker-Delta.

- Wir bezeichnen Matrizen stets mit fetten Großbuchstaben ($\boldsymbol{A}$) und Vektoren mit fetten Kleinbuchstaben ($\boldsymbol{u}$).

- Gilt $\boldsymbol{A} \in \mathbb{R}^{m \times n}$ so bezeichnen wir mit $a_{ij}$ für $1 \leqslant i \leqslant m$ und $1 \leqslant j \leqslant n$ die Elemente von $\boldsymbol{A}$ und schreiben $\boldsymbol{A} = (a_{ij})_{1 \leqslant i \leqslant m, 1 \leqslant j \leqslant n}$.

- Gilt $\boldsymbol{u} \in \mathbb{R}^n$ so bezeichnen wir mit $u_1, \ldots, u_n$ die einzelnen Komponenten von $\boldsymbol{u}$.

- Für $j = 1, \ldots, n$ bezeichnet $\boldsymbol{e}_j = (e_1, \ldots, e_n)^T \in \mathbb{R}^n$ mit $e_i = \delta_{ij}$ den $j$-ten Standardeinheitsvektor des $\mathbb{R}^n$.

- Mit $\boldsymbol{I}_n$ bezeichnen wir die $n \times n$ Einheitsmatrix. Ist die Dimension der Einheitsmatrix aus dem Kontext ersichtlich, so lassen wir den Index $n$ weg und schreiben kürzer $\boldsymbol{I}$.

- Für eine Matrix $\boldsymbol{A} \in \mathbb{R}^{m \times n}$ bezeichnen wir den Kern von $\boldsymbol{A}$ mit

  $$\ker(\boldsymbol{A}) := \{\boldsymbol{u} \in \mathbb{R}^n \mid \boldsymbol{A}\boldsymbol{u} = \boldsymbol{0}\}$$

  und das Bild von $\boldsymbol{A}$ mit

  $$\operatorname{im}(\boldsymbol{A}) := \{\boldsymbol{A}\boldsymbol{u} \in \mathbb{R}^m \mid \boldsymbol{u} \in \mathbb{R}^n\}.$$

  $\ker(\boldsymbol{A})$ bzw. $\operatorname{im}(\boldsymbol{A})$ sind Untervektorräume von $\mathbb{R}^n$ bzw. $\mathbb{R}^m$.

- Für einen Vektorraum $V$ bezeichnen wir mit $\dim(V)$ die Dimension dieses Vektorraums.

- Für eine Matrix $\boldsymbol{A} \in \mathbb{R}^{m \times n}$ und Mengen $\mathcal{A} \subseteq \{1, \ldots, m\}$, $\mathcal{B} \subseteq \{1, \ldots, n\}$ bezeichnen wir mit $\boldsymbol{A}_{i \in \mathcal{A}}$ die Matrix, die sich aus $\boldsymbol{A}$ durch Löschung all derjenigen Zeilen ergibt, deren Index in $\{1, \ldots, m\} \backslash \mathcal{A}$ liegt. Analog bezeichnen wir mit $\boldsymbol{A}_{j \in \mathcal{B}}$ die Matrix, die sich aus $\boldsymbol{A}$ durch Löschung all derjenigen Spalten ergibt, deren Index in $\{1, \ldots, n\} \backslash \mathcal{B}$ liegt.

- Für eine Diagonalmatrix $\boldsymbol{D} = \operatorname{diag}(d_1, \ldots, d_n) \in \mathbb{R}^{n \times n}$ sei

  $$|\boldsymbol{D}| := \sum_{i=1}^{n} d_i.$$

  Gilt zudem $d_i > 0$ für alle $i = 1, \ldots, n$, so sei

  $$\boldsymbol{D}^\alpha := \operatorname{diag}(d_1^\alpha, \ldots, d_n^\alpha) \quad \text{für} \quad \alpha \in \mathbb{R}.$$

- Für eine Menge $A \subseteq \mathbb{R}$ seien

$$A^+ := \{a \in A \mid a > 0\}, \quad A_0^+ := \{a \in A \mid a \geqslant 0\},$$
$$A^- := \{a \in A \mid a < 0\}, \quad A_0^- := \{a \in A \mid a \leqslant 0\}.$$

- Für eine reguläre Matrix $\boldsymbol{A} \in \mathbb{R}^{n \times n}$ und eine induzierte Matrixnorm $\|\cdot\|_a$ bezeichne

$$\mathrm{cond}_a(\boldsymbol{A}) := \|\boldsymbol{A}\|_a \|\boldsymbol{A}^{-1}\|_a$$

die Konditionszahl dieser Matrix. Es gilt $\mathrm{cond}_a(\boldsymbol{A}) \geqslant \mathrm{cond}_a(\boldsymbol{I}) = 1$ [13].

# 2 Euler-Gleichungen

## 2.1 Herleitung

In diesem Abschnitt werden wir die *Euler-Gleichungen* physikalisch motivieren und herleiten. Diese stellen ein System nichtlinearer partieller Differentialgleichungen 1. Ordnung dar und beschreiben die räumliche und zeitliche Entwicklung von Strömungen reibungsfreier Fluide, bei denen von Körperkräften, innerer Reibung und Wärmeflüssen verursachte Effekte vernachlässigt werden.

Obwohl wir in den auf diesen Abschnitt folgenden Teilen dieser Arbeit ausschließlich die räumlich zweidimensionalen Euler-Gleichungen betrachten werden, erfolgt die Herleitung an dieser Stelle allgemeiner für eine beliebige Raumdimension $d \in \{1, 2, 3\}$. Seien in diesem Abschnitt stets $\mathcal{U} \subseteq \mathbb{R}^d$ ein Gebiet in $\mathbb{R}^d$ und $\mathcal{Z} \subseteq \mathbb{R}^m$ ein Gebiet in $\mathbb{R}^m$. Mit $t \in \mathbb{R}_0^+$ bezeichnen wir die Zeit und mit $\boldsymbol{x} \in \mathbb{R}^d$ den Ort.

Sei $\Omega(t) \subseteq \mathcal{U}$ ein zeitabhängiges beschränktes Gebiet. Wir bezeichnen $\Omega(t)$ auch als *materielles Kontrollvolumen. Materiell* bedeutet hierbei, dass sich eine gewisse konstant bleibende Anzahl Teilchen innerhalb des Kontrollvolumens befindet und dieses sich mit der Strömung mit bewegt. Der *Reynolds'sche Transportsatz* 2.1 ist für die Herleitung der Euler-Gleichungen fundamental und beschreibt die zeitliche Änderung einer physikalischen Größe, deren Konzentration innerhalb des Kontrollvolumens $\Omega(t)$ durch $\phi(\boldsymbol{x}, t)$ gegeben ist.

**Satz 2.1 (Reynolds'scher Transportsatz)**: *Sei $\Omega(t)$ ein zeitabhängiges materielles Kontrollvolumen, $\phi\colon \mathbb{R}^d \times \mathbb{R}_0^+ \to \mathbb{R}$ eine differenzierbare Funktion und $\boldsymbol{v}\colon \mathbb{R}^d \times \mathbb{R}_0^+ \to \mathbb{R}^d$ die Strömungsgeschwindigkeit. Dann gilt*

$$\frac{\mathrm{d}}{\mathrm{d}t} \int_{\Omega(t)} \phi(\boldsymbol{x}, t)\, \mathrm{d}\boldsymbol{x} = \int_{\Omega(t)} \Big( \partial_t \phi(\boldsymbol{x}, t) + \nabla_{\boldsymbol{x}} \cdot (\phi(\boldsymbol{x}, t) \boldsymbol{v}(\boldsymbol{x}, t)) \Big)\, \mathrm{d}\boldsymbol{x}. \tag{2.1}$$

Ein Beweis von Satz 2.1 kann z. B. [23, S. 10] entnommen werden.

Mit Hilfe des Satzes von Gauß lässt sich Gleichung (2.1) auch schreiben als

$$\frac{\mathrm{d}}{\mathrm{d}t} \int_{\Omega(t)} \phi(\boldsymbol{x}, t)\, \mathrm{d}\boldsymbol{x} = \int_{\Omega(t)} \partial_t \phi(\boldsymbol{x}, t)\, \mathrm{d}\boldsymbol{x} + \int_{\partial\Omega(t)} \phi(\boldsymbol{x}, t) \boldsymbol{v}(\boldsymbol{x}, t) \cdot \boldsymbol{n}\, \mathrm{d}S, \tag{2.2}$$

wobei $\partial\Omega(t)$ die Oberfläche von $\Omega(t)$ bezeichnet und $\boldsymbol{n}$ der bezüglich des infinitesimalen Oberflächenelementes $\mathrm{d}S$ senkrecht nach außen weisende Einheitsvektor ist.

Der Reynolds'sche Transportsatz stellt damit einen Zusammenhang zwischen der zeitlichen Entwicklung der im bewegten Kontrollvolumen $\Omega(t)$ vorhandenen Menge einer physikalischen Größe aus der ortsfesten sogenannten *Eulerschen* Betrachtungsweise (linke Seite von (2.2)) und der *Lagrangeschen* Betrachtungsweise aus Sicht eines mit dem Kontrollvolumen mit bewegten Beobachters her (rechte Seite von (2.2)).

Die Anwendung des Satzes auf die Größen Massendichte, Impulsdichte und Energiedichte liefert einen Satz von Erhaltungsgleichungen, die gemeinsam als die *Euler-Gleichungen* bezeichnet werden.

### Massenerhaltung

Da die Anzahl der Teilchen innerhalb des Kontrollvolumens im Rahmen der betrachteten Effekte konstant bleibt, muss auch die in ihm enthaltene Masse konstant bleiben. Mit der (Massen)dichte

$$\rho : \mathcal{U} \times \mathbb{R}_0^+ \to \mathbb{R}^+$$

gilt folglich

$$0 = \frac{\mathrm{d}}{\mathrm{d}t} \int_{\Omega(t)} \rho(\boldsymbol{x}, t) \,\mathrm{d}\boldsymbol{x} \overset{(2.1)}{=} \int_{\Omega(t)} \Big( \partial_t \rho(\boldsymbol{x}, t) + \nabla_{\boldsymbol{x}} \cdot (\rho(\boldsymbol{x}, t) \boldsymbol{v}(\boldsymbol{x}, t)) \Big) \,\mathrm{d}\boldsymbol{x}.$$

Da diese Gleichung für alle materiellen Kontrollvolumina $\Omega(t)$ gilt und der Integrand als hinreichend glatt vorausgesetzt wird, folgt

$$\partial_t \rho + \nabla_{\boldsymbol{x}} \cdot (\rho \boldsymbol{v}) = 0. \tag{2.3}$$

Diese Gleichung wird auch als die differentielle Form der *Kontinuitätsgleichung* bezeichnet.

### Impulserhaltung

Die zeitliche Änderung des Impulses innerhalb des Kontrollvolumens $\Omega(t)$ entspricht gemäß dem zweiten Newtonschen Gesetz der Summe aller auf die Teilchen innerhalb des Kontrollvolumens einwirkenden Kräfte. Diese Kräfte lassen sich in die beiden grundlegenden Klassen der *Körperkräfte* und der *Flächenkräfte* unterteilen. Bei der Herleitung der Euler-Gleichungen vernachlässigen wir sämtliche Körperkräfte wie etwa die Gravitationskraft, elektromagnetische Kräfte, Zentrifugalkräfte und Corioliskräfte. Unter den Flächenkräften berücksichtigen wir lediglich die Druckkraft $-\int_{\partial\Omega(t)} p\boldsymbol{n}\,\mathrm{d}S$ und vernachlässigen wie bereits erwähnt auftretende Reibungseffekte.

Mit der Impulsdichte

$$\boldsymbol{m}\colon \mathcal{U} \times \mathbb{R}_0^+ \to \mathbb{R}^d,\ (\boldsymbol{x}, t) \mapsto \boldsymbol{m}(\boldsymbol{x}, t) := \rho(\boldsymbol{x}, t)\boldsymbol{v}(\boldsymbol{x}, t)$$

und dem Druck

$$p\colon \mathcal{U} \times \mathbb{R}_0^+ \to \mathbb{R}^+$$

gilt

$$\frac{\mathrm{d}}{\mathrm{d}t} \int_{\Omega(t)} \boldsymbol{m}(\boldsymbol{x}, t)\,\mathrm{d}\boldsymbol{x} = -\int_{\partial\Omega(t)} p(\boldsymbol{x}, t)\boldsymbol{n}\,\mathrm{d}S = -\int_{\Omega(t)} \nabla_{\boldsymbol{x}} p(\boldsymbol{x}, t)\,\mathrm{d}\boldsymbol{x}, \tag{2.4}$$

wobei die beim zweiten Gleichheitszeichen vorgenommene Umformung eine direkte Folgerung des Gaußschen Satzes ist. Die Anwendung des Reynolds'schen Transportsatzes 2.1 auf die einzelnen Komponenten der linken Seite von Gleichung (2.4) liefert

$$\begin{aligned}\frac{\mathrm{d}}{\mathrm{d}t} \int_{\Omega(t)} \begin{pmatrix} m_1 \\ \vdots \\ m_d \end{pmatrix} \mathrm{d}\boldsymbol{x} &= \int_{\Omega(t)} \left( \partial_t \begin{pmatrix} m_1 \\ \vdots \\ m_d \end{pmatrix} + \nabla_{\boldsymbol{x}} \cdot \begin{pmatrix} m_1\boldsymbol{v} \\ \vdots \\ m_d\boldsymbol{v} \end{pmatrix} \right) \mathrm{d}\boldsymbol{x} \\ &= \int_{\Omega(t)} \left( \partial_t \boldsymbol{m} + \sum_{j=1}^{d} \partial_{x_j}(m_j \boldsymbol{v}) \right) \mathrm{d}\boldsymbol{x}.\end{aligned} \tag{2.5}$$

Gleichsetzen von (2.4) und (2.5) ergibt

$$\int_{\Omega(t)} \left( \partial_t \boldsymbol{m} + \sum_{j=1}^{d} \partial_{x_j}(m_j \boldsymbol{v}) + \nabla_{\boldsymbol{x}} p \right) (\boldsymbol{x}, t)\,\mathrm{d}\boldsymbol{x} = \boldsymbol{0}.$$

Da wir den Integranden wieder als hinreichend glatt voraussetzen und beliebige Kontrollvolumina betrachten, folgt

$$\partial_t \boldsymbol{m} + \sum_{j=1}^{d} \partial_{x_j}(m_j \boldsymbol{v}) + \nabla_{\boldsymbol{x}} p = \boldsymbol{0}. \tag{2.6}$$

### Energieerhaltung

Bezeichne

$$E\colon \mathcal{U} \times \mathbb{R}_0^+ \to \mathbb{R}^+$$

die Totalenergie pro Einheitsmasse. Die zeitliche Änderung der im Kontrollvolumen $\Omega(t)$ enthaltenen Totalenergie entspricht der am Kontrollvolumen geleisteten Arbeit und ist damit unter abermaliger Vernachlässigung der Körperkräfte gegeben durch

$$\frac{\mathrm{d}}{\mathrm{d}t} \int_{\Omega(t)} \rho E \,\mathrm{d}\boldsymbol{x} = - \int_{\partial\Omega(t)} p\boldsymbol{v} \cdot \boldsymbol{n} \,\mathrm{d}S = - \int_{\Omega(t)} \nabla_{\boldsymbol{x}} \cdot (p\boldsymbol{v}) \,\mathrm{d}\boldsymbol{x}. \tag{2.7}$$

Die Anwendung des Reynolds'schen Transportsatzes 2.1 auf die linke Seite von Gleichung (2.7) liefert

$$\frac{\mathrm{d}}{\mathrm{d}t} \int_{\Omega(t)} \rho E \,\mathrm{d}\boldsymbol{x} = \int_{\Omega(t)} \Big( \partial_t(\rho E) + \nabla_{\boldsymbol{x}} \cdot (\rho E \boldsymbol{v}) \Big) \,\mathrm{d}\boldsymbol{x}. \tag{2.8}$$

Gleichsetzen von (2.7) und (2.8) ergibt

$$\int_{\Omega(t)} \Big( \partial_t(\rho E) + \nabla_{\boldsymbol{x}} \cdot (\rho E \boldsymbol{v} + p\boldsymbol{v}) \Big) \,\mathrm{d}\boldsymbol{x} = 0.$$

Wir setzen den Integranden wieder als hinreichend glatt voraus und betrachten beliebige Kontrollvolumina, sodass mit der Totalenthalpie

$$H \colon \mathcal{U} \times \mathbb{R}_0^+ \to \mathbb{R}^+, \quad (\boldsymbol{x}, t) \mapsto H(\boldsymbol{x}, t) := E(\boldsymbol{x}, t) + \frac{p(\boldsymbol{x}, t)}{\rho(\boldsymbol{x}, t)}$$

folgt

$$\partial_t(\rho E) + \nabla_{\boldsymbol{x}} \cdot (\rho H \boldsymbol{v}) = 0. \tag{2.9}$$

Die $d+2$ Gleichungen (2.3), (2.6) und (2.9) bilden zusammen die Euler-Gleichungen und lassen sich mittels

$$\boldsymbol{u} := \boldsymbol{u}_c := \begin{pmatrix} \rho \\ \rho v_1 \\ \vdots \\ \rho v_d \\ \rho E \end{pmatrix} \in \mathcal{Z} \subseteq \mathbb{R}^{d+2}, \quad \boldsymbol{f}_j(\boldsymbol{u}) := \begin{pmatrix} \rho v_j \\ \rho v_j v_1 + \delta_{1j} p \\ \vdots \\ \rho v_j v_d + \delta_{dj} p \\ \rho H v_j \end{pmatrix} \in \mathbb{R}^{d+2}, \; j = 1, \ldots, d \tag{2.10}$$

in der folgenden kompakten Form schreiben:

$$\partial_t \boldsymbol{u}(\boldsymbol{x}, t) + \sum_{j=1}^{d} \partial_{x_j} \boldsymbol{f}_j(\boldsymbol{u}(\boldsymbol{x}, t)) = \boldsymbol{0}, \quad (\boldsymbol{x}, t) \in \mathcal{U} \times \mathbb{R}_0^+. \tag{2.11}$$

Wir bezeichnen die Funktionen $\boldsymbol{f}_j \colon \mathcal{Z} \subset \mathbb{R}^m \to \mathbb{R}^m$ ($j \in \{1, \ldots, d\}$, $m = d + 2$) auch als *Flussfunktionen*.

Es ist zu beachten, dass hiermit lediglich $d+2$ Gleichungen für die $d+3$ Unbekannten $\rho, \rho v_1, \ldots, \rho v_d, \rho E, p$ vorliegen. Um das System zu schließen, wird zusätzlich zu (2.11) noch die Zustandsgleichung des zugrunde liegenden Gases betrachtet. Für diatomare Gase wie trockene Luft, die zu rund 99% aus den Molekülen $\mathsf{N}_2$ und $\mathsf{O}_2$ zusammengesetzt ist, gilt

$$p = (\gamma - 1)\rho \left( E - \frac{1}{2}\|\boldsymbol{v}\|_2^2 \right) \tag{2.12}$$

mit dem Isentropenkoeffizienten $\gamma = 1.4$ [16].

Speziell für den in dieser Arbeit ausschließlich betrachteten räumlich zweidimensionalen Fall $d = 2$ lauten die vollständig geschlossenen Euler-Gleichungen somit

$$\left.\begin{aligned} &\partial_t \boldsymbol{u} + \partial_{x_1} \boldsymbol{f}_1(\boldsymbol{u}) + \partial_{x_2} \boldsymbol{f}_2(\boldsymbol{u}) = \boldsymbol{0}, \quad (\boldsymbol{x}, t) \in (\mathcal{U} \subseteq \mathbb{R}^2) \times \mathbb{R}_0^+, \\ &\boldsymbol{u} = \begin{pmatrix} \rho \\ \rho v_1 \\ \rho v_2 \\ \rho E \end{pmatrix}, \quad \boldsymbol{f}_1(\boldsymbol{u}) = \begin{pmatrix} \rho v_1 \\ \rho v_1^2 + p \\ \rho v_1 v_2 \\ \rho H v_1 \end{pmatrix}, \quad \boldsymbol{f}_2(\boldsymbol{u}) = \begin{pmatrix} \rho v_2 \\ \rho v_1 v_2 \\ \rho v_2^2 + p \\ \rho H v_2 \end{pmatrix}, \end{aligned}\right\} \tag{2.13a}$$

$$p = (\gamma - 1)\rho \left( E - \frac{1}{2}(v_1^2 + v_2^2) \right). \tag{2.13b}$$

Wir bezeichnen dabei die Komponenten des Vektors

$$\boldsymbol{u} = \boldsymbol{u}_c = (\rho, \rho v_1, \rho v_2, \rho E)^{\mathsf{T}} \in \mathcal{Z} \subset \mathbb{R}^4$$

als *konservative Variablen*, während $\rho, v_1, v_2, p$ als *primitive Variablen* bezeichnet werden und im Vektor

$$\boldsymbol{u}_p := (\rho, v_1, v_2, p)^{\mathsf{T}} \in \mathcal{Z} \subset \mathbb{R}^4$$

zusammengefasst sind. Konservative und primitive Variablen können mittels der Bijektion

$$\phi\colon \begin{cases} \mathcal{Z} & \to \quad \mathcal{Z}, \\ \boldsymbol{u} & \mapsto \quad \phi(\boldsymbol{u}) = \left[ u_1, \frac{u_2}{u_1}, \frac{u_3}{u_1}, (\gamma - 1)\left( u_4 - \frac{1}{2}\left( \frac{u_2^2}{u_1} + \frac{u_3^2}{u_1} \right) \right) \right]^{\mathsf{T}} \end{cases}$$

durch $\boldsymbol{u}_c \stackrel{\phi}{\longmapsto} \boldsymbol{u}_p$ bzw. $\boldsymbol{u}_p \stackrel{\phi^{-1}}{\longmapsto} \boldsymbol{u}_c$ ineinander überführt werden.

## 2.2 Eigenschaften

Wir werden abschließend noch zwei wichtige Eigenschaften der räumlich zweidimensionalen Euler-Gleichungen beweisen: Die Rotationsinvarianz und die Hyperbolizität.

**Definition 2.2 (Rotationsinvarianz)**: *Ein System partieller Differentialgleichungen*

$$\partial_t \boldsymbol{u} + \partial_{x_1} \boldsymbol{f}_1(\boldsymbol{u}) + \partial_{x_2} \boldsymbol{f}_2(\boldsymbol{u}) = \boldsymbol{0} \tag{2.14}$$

*mit* $\boldsymbol{f}_i \colon \mathcal{Z} \subseteq \mathbb{R}^m \to \mathbb{R}^m$ *(*$i = 1,2$*) hinreichend glatt,* $\boldsymbol{u} \colon (\mathcal{U} \subseteq \mathbb{R}^d) \times \mathbb{R}_0^+ \to \mathcal{Z} \subseteq \mathbb{R}^m$ *heißt rotationsinvariant, falls zu jedem* $\boldsymbol{n} = (n_1, n_2)^\mathsf{T} \in \mathbb{R}^2$ *mit* $\|\boldsymbol{n}\|_2 = 1$ *eine reguläre Matrix* $\boldsymbol{T}(\boldsymbol{n}) \in \mathbb{R}^{m \times m}$ *existiert, so dass*

$$\boldsymbol{f}_1(\boldsymbol{u})n_1 + \boldsymbol{f}_2(\boldsymbol{u})n_2 = \boldsymbol{T}^{-1}(\boldsymbol{n})\boldsymbol{f}_1(\boldsymbol{T}(\boldsymbol{n})\boldsymbol{u}). \tag{2.15}$$

Eine partielle Differentialgleichung der Form (2.14) wird auch als *Erhaltungsgleichung* bezeichnet. Ist die rechte Seite der Gleichung hingegen durch $\boldsymbol{g}(\boldsymbol{u})$ mit einer Funktion $\boldsymbol{g} \colon \mathcal{Z} \to \mathbb{R}^m$ gegeben, spricht man allgemeiner von einer *Bilanzgleichung*.

**Definition 2.3 (Hyperbolizität)**: *Die Erhaltungsgleichung* (2.14) *heißt hyperbolisch (in der Zeit), wenn die Matrix*

$$\boldsymbol{A}_1(\boldsymbol{u})n_1 + \boldsymbol{A}_2(\boldsymbol{u})n_2$$

*für jede Wahl von* $\boldsymbol{n} = (n_1, n_2)^\mathsf{T} \in \mathbb{R}^d$ *mit* $\|\boldsymbol{n}\|_2 = 1$ *genau m reelle Eigenwerte besitzt. Dabei bezeichnen* $\boldsymbol{A}_i(\boldsymbol{u}) := \frac{\partial \boldsymbol{f}_i}{\partial \boldsymbol{u}}(\boldsymbol{u}) \in \mathbb{R}^{m \times m}$ *(*$i = 1,2$*) die Jacobi-Matrizen der Funktionen* $\boldsymbol{f}_1, \boldsymbol{f}_2$.

**Satz 2.4**: *Die räumlich zweidimensionalen Euler-Gleichungen* (2.13a) *sind rotationsinvariant und hyperbolisch.*

Der Beweis der Rotationsinvarianz erfolgt durch einfaches Nachrechnen der Eigenschaft (2.15) mit der für ein $\boldsymbol{n} \in \mathbb{R}^2$ mit $\|\boldsymbol{n}\|_2 = 1$ durch

$$\boldsymbol{T}(\boldsymbol{n}) = \begin{pmatrix} 1 & 0 & 0 & 0 \\ 0 & n_1 & n_2 & 0 \\ 0 & -n_2 & n_1 & 0 \\ 0 & 0 & 0 & 1 \end{pmatrix} \tag{2.16}$$

gegebenen regulären Rotationsmatrix $\boldsymbol{T}(\boldsymbol{n})$ [19].

Durch Differentiation von (2.15) bezüglich $\boldsymbol{u}$ ergibt sich

$$\boldsymbol{A}_1(\boldsymbol{u})n_1 + \boldsymbol{A}_2(\boldsymbol{u})n_2 = \boldsymbol{T}^{-1}(\boldsymbol{n})\boldsymbol{A}_1(\boldsymbol{T}(\boldsymbol{n})\boldsymbol{u})\boldsymbol{T}(\boldsymbol{n}). \tag{2.17}$$

Zum Nachweis der Hyperbolizität der Euler-Gleichungen genügt es folglich, die Eigenwerte der Matrix $\boldsymbol{A}_1(\boldsymbol{T}(\boldsymbol{n})\boldsymbol{u})$ zu betrachten, welche gemäß [16] durch

$$\lambda_1 = \boldsymbol{n} \cdot \boldsymbol{v} - c, \quad \lambda_2 = \lambda_3 = \boldsymbol{n} \cdot \boldsymbol{v}, \quad \lambda_4 = \boldsymbol{n} \cdot \boldsymbol{v} + c$$

mit der *Schallgeschwindigkeit* $c = \sqrt{\gamma p/\rho}$ gegeben sind. Auf Grund der Reellwertigkeit aller Eigenwerte, ist die Hyperbolizität der Euler-Gleichungen wegen (2.17) offensichtlich.

## 2.3 Einführung einer Pseudozeit zur Bestimmung stationärer Lösungen

Wir sind an der Berechnung *stationärer Lösungen* der Euler-Gleichungen interessiert, d. h. an zeitunabhängigen Lösungen $\boldsymbol{u}\colon \mathcal{U} \subset \mathbb{R}^2 \to \mathcal{Z} \subset \mathbb{R}^4$ der Gleichungen

$$\left.\begin{aligned} &\partial_{x_1} \boldsymbol{f}_1(\boldsymbol{u}) + \partial_{x_2} \boldsymbol{f}_2(\boldsymbol{u}) = \boldsymbol{0}, \quad \boldsymbol{u} = \boldsymbol{u}(\boldsymbol{x}), \quad \boldsymbol{x} \in \mathcal{U} \subseteq \mathbb{R}^2, \\ &\boldsymbol{u} = \begin{pmatrix} \rho \\ \rho v_1 \\ \rho v_2 \\ \rho E \end{pmatrix}, \quad \boldsymbol{f}_1(\boldsymbol{u}) = \begin{pmatrix} \rho v_1 \\ \rho v_1^2 + p \\ \rho v_1 v_2 \\ \rho H v_1 \end{pmatrix}, \quad \boldsymbol{f}_2(\boldsymbol{u}) = \begin{pmatrix} \rho v_2 \\ \rho v_1 v_2 \\ \rho v_2^2 + p \\ \rho H v_2 \end{pmatrix}, \end{aligned}\right\} \tag{2.18a}$$

$$p = (\gamma - 1)\rho\left(E - \frac{1}{2}(v_1^2 + v_2^2)\right). \tag{2.18b}$$

Dazu führen wir eine sogenannte *Pseudozeit* $\tau$ ein, schreiben $\boldsymbol{u} = \boldsymbol{u}(\boldsymbol{x}, \tau)$ und betrachten die pseudozeitabhängigen Euler-Gleichungen in der Form

$$\partial_\tau \boldsymbol{u} + \partial_{x_1} \boldsymbol{f}_1(\boldsymbol{u}) + \partial_{x_2} \boldsymbol{f}_2(\boldsymbol{u}) = \boldsymbol{0}$$

mit einer für den Pseudozeitpunkt $\tau = 0$ vorgegebenen geeigneten Anfangsbedingung $\boldsymbol{u}(\boldsymbol{x}, \tau = 0) = \boldsymbol{u}_0(\boldsymbol{x})$.

Unter bestimmten Voraussetzungen nähert sich die Lösung nach einer hinreichend großen Pseudozeitspanne einer stationären Lösung $\boldsymbol{u}_\infty(\boldsymbol{x}) := \lim_{\tau \to \infty} \boldsymbol{u}(\boldsymbol{x}, \tau)$ an, so dass

$$\partial_{x_1} \boldsymbol{f}_1(\boldsymbol{u}_\infty) + \partial_{x_2} \boldsymbol{f}_2(\boldsymbol{u}_\infty) = -\partial_\tau \boldsymbol{u}_\infty = \boldsymbol{0}$$

gilt und $\boldsymbol{u}_\infty(\boldsymbol{x})$ damit eine Lösung von (2.18a) darstellt [9].

Zur Approximation eines stationären Zustandes der Euler-Gleichungen ist also eine Lösung der pseudozeitabhängigen Euler-Gleichungen zu einem hinreichend großen Pseudozeitpunkt $\tau = T$ zu berechnen, wobei der so approximierte stationäre Zustand nicht eindeutig bestimmt ist [4] und von der Wahl der Anfangsbedingung $\boldsymbol{u}_0(\boldsymbol{x})$ der pseudozeitabhängigen Gleichungen abhängt.

Aus Gründen der Übersichtlichkeit bezeichnen wir im Folgenden die Pseudozeit stets mit dem Symbol $t$ anstatt $\tau$, betonen jedoch, dass diese künstlich eingeführte

Größe keinesfalls mit einer realen Zeit im physikalischen Sinne verwechselt werden darf.

# 3 Aufbau und Diskretisierung des Ortsraumes

## 3.1 NACA Tragflächen-Profil

Die in Kapitel 2 vorgestellten Euler-Gleichungen werden in dieser Arbeit zur Beschreibung der Umströmung der Tragfläche eines Flugzeugs genutzt. Konkret wird ein vom *National Advisory Committee for Aeronautics* (NACA) entworfener zweidimensionaler Querschnitt eines Tragflächenprofils mit der Kennzeichnung NACA0012 verwendet. Die genaue Form der von der im Jahr 1915 gegründeten und 1958 in die *National Aeronautics and Space Administration* (NASA) übergegangenen US-amerikanischen Organisation entwickelten Profile wird durch eine Reihe von Ziffern im direkten Anschluss an das Wort NACA beschrieben. Wir erläutern an dieser Stelle die Bedeutung der einzelnen Ziffern für die vierstellige NACA-Serie. Darüber hinaus existieren unter anderem auch NACA-Serien mit fünf bis acht sowie nur einer einzigen Kennziffer.

| Ziffer | Bedeutung |
|---|---|
| 1. | Prozentual auf die Länge der Profilsehne bezogene maximale Profilwölbung |
| 2. | Wölbungsrücklage in Zehnteln der Länge der Profilsehne |
| 3. & 4. | Prozentual auf die Länge der Profilsehne bezogene maximale Profildicke |

Die Profile der Serie NACA00XX, wobei die beiden X jeweils eine beliebige Ziffer bezeichnen, besitzen daher keine Profilwölbung und sind somit symmetrisch bezüglich der Profilsehne, die in diesem Fall mit der Wölbungsmittellinie zusammenfällt (siehe Abbildung 3.1). Fassen wir das Profil als eine zusammenhängende abgeschlossene Teilmenge von $\mathbb{R}^2$ auf und betrachten es in einem Koordinatensystem mit Abszisse $x$ und Ordinate $y$ so, dass sich die Profilsehne entlang der $x$-Achse von $x = 0$ bis $x = 1$ erstreckt, so ist der Rand $\partial P$ des durch die Parameter $a_0, \ldots, a_4 \in \mathbb{R}$ festgelegten Profils $P$ laut dem NACA Report No. 460 [10] wie folgt gegeben:

$$\begin{aligned}\partial P = \{(x,y) \in \mathbb{R}^2 \mid [x \in [0,1] \ \wedge \ \pm y = a_0\sqrt{x} + a_1 x + a_2 x^2 + a_3 x^3 + a_4 x^4] \\ \vee \ [x = 1 \ \wedge \ |y| < |a_0 + a_1 + a_2 + a_3 + a_4|]\}. \end{aligned} \quad (3.1)$$

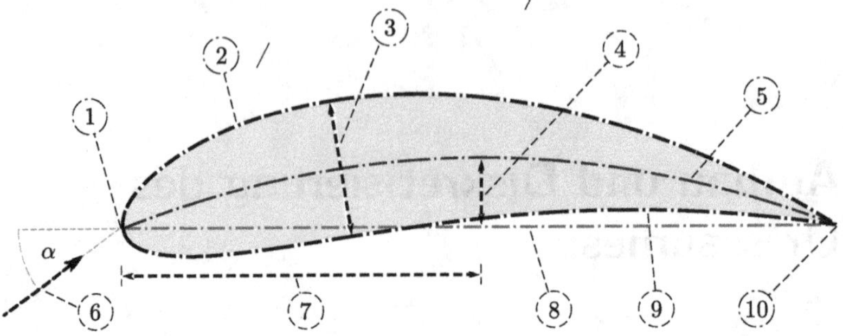


**Abbildung 3.1:** Erläuterung verschiedener Tragflächenprofilgrößen anhand des Profils NACA6512.
(1) Profilnase, (2) Oberseite, (3) Maximale Profildicke, (4) Maximale Profilwölbung, (5) Wölbungsmittellinie, (6) Ungestörte Luftströmung (*freestream*), (7) Wölbungsrücklage, (8) Profilsehne, (9) Unterseite, (10) Profilhinterkante, ($\alpha$) Anstellwinkel (*angle of attack*).

Im genannten Report werden für den NACA00XX-Fall fünf Bedingungen an den Profilrand gestellt, die die fünf Parameter $a_0, \ldots, a_4$ eindeutig festlegen. Unter anderem wird gefordert, dass die maximale Profildicke 20% der Profilsehnenlänge beträgt. Es ergeben sich dabei die folgenden Parameter [10]:

| $a_0$ | $a_1$ | $a_2$ | $a_3$ | $a_4$ |
|---|---|---|---|---|
| 0.2969 | −0.1260 | −0.3516 | 0.2843 | −0.1015 |

**Tabelle 3.1:** Parameterwerte für den durch (3.1) resp. (3.2a), (3.2b) beschriebenen Rand der symmetrischen NACA00XX-Profile.

Diese Parameter definieren ein Basisprofil, welches NACA0020 entspricht. Um NACA00XX-Profile mit einer beliebigen relativen Dicke XX/100 zu erhalten, werden die Basisordinaten in (3.1) mit einem entsprechenden Faktor multipliziert:

$$\begin{aligned} \partial P(\mathsf{00XX}) = \{(x,y) \in \mathbb{R}^2 \mid [x \in [0,1] \,\wedge\, \pm y = f(x, \mathsf{XX})] \\ \vee\, [x = 1 \,\wedge\, |y| < |f(1, \mathsf{XX})|]\}, \end{aligned} \tag{3.2a}$$

$$f(x, \mathsf{XX}) = \frac{\mathsf{XX}}{20}\left(a_0\sqrt{x} + a_1 x + a_2 x^2 + a_3 x^3 + a_4 x^4\right). \tag{3.2b}$$

Die Parameter $a_0, \ldots, a_4$ sind dabei durch die Werte in Tabelle 3.1 festgelegt.

Das in dieser Arbeit verwendete NACA0012-Profil ist somit durch die Funktion

$$f(x, 12) = \frac{3}{5}\left(a_0\sqrt{x} + a_1 x + a_2 x^2 + a_3 x^3 + a_4 x^4\right)$$

beschrieben.

**Bemerkung:** Bei der Wahl der in Tabelle 3.1 angegebenen Parameter ergibt sich auf Grund von $f(1, \mathsf{XX}) = 0.0021\frac{\mathsf{XX}}{20} = 0$ ein an der Profilhinterkante nicht spitz zulaufendes Profil. Um dies zu korrigieren und die Profilform besser an die gewählte im folgenden Abschnitt beschriebene räumliche Diskretisierung anzupassen, wird ein modifizierter Parameterwert von $a_4 = -0.1036$ gewählt.

## 3.2 Finite-Volumen-Methoden auf sekundären Netzen

Sei in diesem Abschnitt $\mathcal{U} \subset \mathbb{R}^2$ stets ein beschränktes Gebiet, dessen Randkomponenten $\partial\mathcal{U}$ alle durch geschlossene Polygonzüge beschrieben sind. Wir sagen auch, dass $\mathcal{U}$ durch Geradenstücke berandet ist. Als ersten Schritt zur Berechnung einer approximativen Lösung $\tilde{u}\colon \mathcal{U} \times \mathbb{R}_0^+ \to \mathcal{Z} \subset \mathbb{R}^4$ der Euler-Gleichungen (2.13a) nehmen wir eine Diskretisierung des Raumes $\mathcal{U}$ vor. Das hier vorgestellte Vorgehen stützt sich auf die Darstellung in [15].

Zunächst zerlegen wir $\mathcal{U}$ gemäß Definition 3.1 in eine Menge von $n_t \in \mathbb{N}$ Dreiecken und erhalten damit ein sogenanntes Primäres Netz. Durch Verwendung dieser Dreiecke als Kontrollvolumina, innerhalb derer wir $\tilde{u}$ jeweils als konstant betrachten, erhält man somit eine *Primärnetzmethode*. Alternativ können die Kontrollvolumina auch als Polygone um die Eckpunkte der Dreiecke herum festgelegt werden. Dies definiert dann ein sekundäres Netz und man erhält eine sogenannte *Sekundärnetz-* oder auch *Boxmethode*. Von dieser zweiten Möglichkeit wird in dieser Arbeit Gebrauch gemacht werden.

**Definition 3.1 (Primäres Netz)**: *Ein primäres Netz $\mathcal{D}^h$ auf $\overline{\mathcal{U}}$ ist eine Menge von Dreiecken $D_i \subset \overline{\mathcal{U}}$, $i = 1, \dots, n_t$, für die gilt:*

(a) $\overline{\mathcal{U}} = \bigcup_{i=1}^{n_t} D_i$,

(b) $\forall i \in \{1, \dots, n_t\}$ : $D_i$ *ist abgeschlossen* $\wedge$ $\mathring{D}_i \neq \emptyset$,

(c) $\forall i, j \in \{1, \dots, n_t\} : i \neq j \implies \mathring{D}_i \cap \mathring{D}_j = \emptyset$,

(d) *Jede Kante eines Dreiecks $D_i \in \mathcal{D}^h$ ist entweder Kante genau eines anderen Dreiecks oder Teilmenge des Randes $\partial\mathcal{U}$.*

Bezeichne für ein gegebenes aus $n_t \in \mathbb{N}$ Dreiecken bestehendes primäres Netz $n_g \in \mathbb{N}$ die Anzahl aller Eckpunkte der Dreiecke.

**Definition 3.2**: *Sei $\mathcal{D}^h$ ein primäres Netz auf $\overline{\mathcal{U}}$ und seien $e_{D,k}$ $(k = 1, 2, 3)$ die Kanten des Dreiecks $D \in \mathcal{D}^h$.*

- $N^h := \{\boldsymbol{x} \in \overline{\mathcal{U}} \mid \boldsymbol{x}$ *ist Eckpunkt eines Dreiecks* $D_i \in \mathcal{D}^h\}$ *bezeichnet die Menge der Eckpunkte aller Dreiecke,*
- $V(i) := \{D \in \mathcal{D}^h \mid \boldsymbol{x}_i \in N^h$ *ist Eckpunkt von* $D\}$ *bezeichnet die Menge aller Dreiecke die den Eckpunkt* $\boldsymbol{x}_i$ *enthalten und*
- $C(D) := \{i \in \{1, \ldots n_g\} \mid \boldsymbol{x}_i \in N^h$ *ist Eckpunkt von* $D\}$ *bezeichnet die Menge der Indizes der Eckpunkte des Dreiecks* $D$.

Zur Konstruktion des Sekundärnetzes verbinden wir jeweils für jedes Dreieck $D \in \mathcal{D}^h$ seinen Schwerpunkt

$$\boldsymbol{x}_{D,s} = \frac{1}{3} \sum_{j \in C(D)} \boldsymbol{x}_j$$

mit den Mittelpunkten seiner Kanten $e_{D,k}$ $(k = 1, 2, 3)$. Dies teilt jedes Dreieck $D$ wie im linken Teil von Abbildung 3.2 dargestellt in drei Bereiche auf. Die Vereinigung über $D \in V(i)$ all dieser direkt an den Eckpunkt $\boldsymbol{x}_i \in N^h$ angrenzenden Teilbereiche bezeichnen wir als das $\boldsymbol{x}_i$ zugeordnete *Kontrollvolumen* oder auch als die *Box* $\sigma_i$.

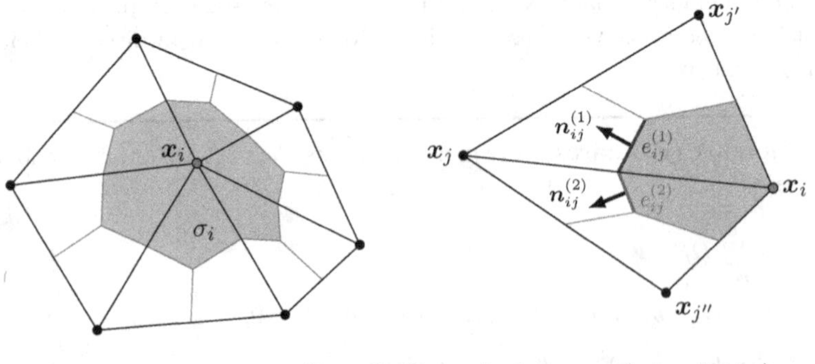


**Abbildung 3.2:** Links: Konstruktion des Kontrollvolumens $\sigma_i$ (grüne Fläche) um den Eckpunkt $\boldsymbol{x}_i$ des primären Netzes herum.
Rechts: Bezeichnung der Randkanten des Kontrollvolumens $\sigma_i$. Hier beispielhaft für die zwischen $\boldsymbol{x}_i$ und einem Punkt $\boldsymbol{x}_j$, $j \in N(i)$ gelegenen Randkanten $e_{ij}^{(1)}$ und $e_{ij}^{(2)}$.

Das *sekundäre Netz* definieren wir schließlich als die Menge all dieser Kontrollvolumina $\mathcal{B}^h = \{\sigma_1, \ldots, \sigma_{n_g}\}$.

Die Einführung der *Zell-Mittelwerte* $\boldsymbol{u}_i \colon \mathbb{R}_0^+ \to \mathcal{Z}$ für $i = 1, \ldots, n_g$ als die integrale Mittelung von $\boldsymbol{u}$ über das Kontrollvolumen $\sigma_i$ stellt den Ausgangspunkt zur Entwicklung eines Finite-Volumen-Verfahrens zur approximativen Lösung der Euler-Gleichungen dar:

$$\boldsymbol{u}_i(t) := \frac{1}{|\sigma_i|} \int_{\sigma_i} \boldsymbol{u}(\boldsymbol{x}, t)\, \mathrm{d}\boldsymbol{x}. \tag{3.3}$$

Integration der pseudozeitabhängigen Euler-Gleichungen (2.13a) über das Kontrollvolumen $\sigma_i$ ergibt:

$$\frac{\mathrm{d}}{\mathrm{d}t} \int_{\sigma_i} \boldsymbol{u}(\boldsymbol{x}, t)\, \mathrm{d}\boldsymbol{x} + \int_{\sigma_i} \partial_{x_1} \boldsymbol{f}_1(\boldsymbol{u}(\boldsymbol{x}, t)) + \partial_{x_2} \boldsymbol{f}_2(\boldsymbol{u}(\boldsymbol{x}, t))\, \mathrm{d}\boldsymbol{x} = \boldsymbol{0}. \tag{3.4}$$

Mit Hilfe des Gaußschen Integralsatzes folgt:

$$\begin{aligned} \frac{\mathrm{d}}{\mathrm{d}t} \int_{\sigma_i} \boldsymbol{u}(\boldsymbol{x}, t)\, \mathrm{d}\boldsymbol{x} &= - \int_{\partial\sigma_i} \boldsymbol{f}_1(\boldsymbol{u}(\boldsymbol{x}, t)) n_1 + \boldsymbol{f}_2(\boldsymbol{u}(\boldsymbol{x}, t)) n_2 \, \mathrm{d}S \\ &= - \int_{\partial\sigma_i} \boldsymbol{T}^{-1}(\boldsymbol{n}) \boldsymbol{f}_1(\boldsymbol{T}(\boldsymbol{n})\boldsymbol{u})\, \mathrm{d}S, \end{aligned} \tag{3.5}$$

wobei $\boldsymbol{n} = (n_1, n_2)^\mathsf{T} \in \mathbb{R}^2$ der bezüglich des infinitesimalen Oberflächenelementes $\mathrm{d}S$ senkrecht nach außen weisende Einheitsnormalenvektor ist. Bei der zweiten Gleichheit wurde die Rotationsinvarianz der räumlich zweidimensionalen Euler-Gleichungen genutzt (siehe Satz 2.4) und die reguläre Matrix $\boldsymbol{T} \in \mathbb{R}^{4\times4}$ ist gemäß Gleichung (2.16) gegeben.

Durch Einsetzen von (3.3) in (3.5) erhalten wir eine Gleichung, die die zeitliche Entwicklung der Zell-Mittelwerte beschreibt:

$$\frac{\mathrm{d}}{\mathrm{d}t} \boldsymbol{u}_i(t) = - \frac{1}{|\sigma_i|} \int_{\partial\sigma_i} \boldsymbol{T}^{-1}(\boldsymbol{n}) \boldsymbol{f}_1(\boldsymbol{T}(\boldsymbol{n})\boldsymbol{u})\, \mathrm{d}S, \quad i = 1, \ldots, n_g. \tag{3.6}$$

Wir bezeichnen für $i \in \{1, \ldots, n_g\}$ mit

$$N(i) := \Big\{ j \in \{1, \ldots, n_g\} \backslash \{i\} \mid \partial\sigma_i \cap \partial\sigma_j \neq \emptyset \Big\}$$

die Menge der Indizes der an $\sigma_i$ angrenzenden Kontrollvolumina. Für ein $j \in N(i)$ zerlegen wir den gemeinsamen Rand von $\sigma_i$ und $\sigma_j$ wie auf der rechten Seite von Abbildung 3.2 dargestellt jeweils in die beiden Komponenten $e_{ij}^{(1)}$ und $e_{ij}^{(2)}$ mit den zugehörigen äußeren Normaleneinheitsvektoren $\boldsymbol{n}_{ij}^{(1)}$ und $\boldsymbol{n}_{ij}^{(2)}$. Mit diesen Bezeichnungen schreiben wir das Randintegral in (3.6) für den Fall eines inneren Kontrollvolumens um:

$$\frac{\mathrm{d}}{\mathrm{d}t} \boldsymbol{u}_i(t) = - \frac{1}{|\sigma_i|} \sum_{j \in N(i)} \sum_{k=1}^{2} \int_{e_{ij}^{(k)}} \boldsymbol{T}^{-1}(\boldsymbol{n}_{ij}^{(k)}) \boldsymbol{f}_1(\boldsymbol{T}(\boldsymbol{n}_{ij}^{(k)})\boldsymbol{u})\, \mathrm{d}S. \tag{3.7}$$

Wird das Randintegral in (3.7) mittels einer Gauß-Quadraturformel vom Grad 1 approximiert, ergibt sich

$$\frac{\mathrm{d}}{\mathrm{d}t}\boldsymbol{u}_i(t) = -\frac{1}{|\sigma_i|}\sum_{j\in N(i)}\sum_{k=1}^{2}|e_{ij}^{(k)}|\left\{\boldsymbol{T}^{-1}(\boldsymbol{n}_{ij}^{(k)})\boldsymbol{f}_1(\boldsymbol{T}(\boldsymbol{n}_{ij}^{(k)})\boldsymbol{u}(\boldsymbol{x}_{ij}^{(k)},t)) + \mathcal{O}(h^2)\right\}, \quad (3.8)$$

wobei $\boldsymbol{x}_{ij}^{(k)}$ den Mittelpunkt der Kante $e_{ij}^{(k)}$ bezeichnet.

Auf Grund der Unstetigkeit der Lösung an den Zellkanten $e_{ij}^{(k)}$ kann die Flussfunktion $\boldsymbol{f}_1$ in Gleichung (3.8) an diesen Zellkanten nicht eindeutig ausgewertet werden. Um das Problem zu umgehen, wird diese Auswertung ersetzt durch eine *numerische Flussfunktion* $\boldsymbol{H}$, welche anhand der Lösungen zu beiden Seiten der Zellkante einen eindeutigen Fluss berechnet und der in Definition 3.3 angegebenen Konsistenzbedingung genügen muss.

**Definition 3.3 (Numerische Flussfunktion):** *Eine Abbildung*

$$\boldsymbol{H} : \mathbb{R}^4 \times \mathbb{R}^4 \times \{\boldsymbol{x} \in \mathbb{R}^2 \mid \|\boldsymbol{x}\|_2 = 1\} \longrightarrow \mathbb{R}^4, \quad (\boldsymbol{u}_L, \boldsymbol{u}_R, \boldsymbol{n}) \longmapsto \boldsymbol{H}(\boldsymbol{u}_L, \boldsymbol{u}_R, \boldsymbol{n})$$

*heißt numerische Flussfunktion, falls sie die Konsistenzbedingung*

$$\forall \boldsymbol{u} \in \mathbb{R}^4\ \forall \boldsymbol{n} \in \{\boldsymbol{x} \in \mathbb{R}^2 \mid \|\boldsymbol{x}\|_2 = 1\} : \quad \boldsymbol{H}(\boldsymbol{u}, \boldsymbol{u}, \boldsymbol{n}) = \boldsymbol{T}^{-1}(\boldsymbol{n})\boldsymbol{f}_1(\boldsymbol{T}(\boldsymbol{n})\boldsymbol{u})$$

*erfüllt.*

Unter Verwendung einer solchen numerischen Flussfunktion und unter Vernachlässigung des Fehlerterms in Gleichung (3.8) ergibt sich das numerische Verfahren zur Berechnung einer Näherung $\bar{\boldsymbol{u}}_i(t)$ an den Zell-Mittelwert $\boldsymbol{u}_i(\mathrm{t})$:

$$\frac{\mathrm{d}}{\mathrm{d}t}\bar{\boldsymbol{u}}_i(t) = -\frac{1}{|\sigma_i|}\sum_{j\in N(i)}\sum_{k=1}^{2}|e_{ij}^{(k)}|\,\boldsymbol{H}(\bar{\boldsymbol{u}}_i(t), \bar{\boldsymbol{u}}_j(t), \boldsymbol{n}_{ij}^{(k)}), \quad i = 1, \dots, n_g. \quad (3.9)$$

Zur konkreten Wahl der numerischen Flussfunktion verweisen wir auf Abschnitt 7.1.

Wir fassen die Näherungen $\bar{\boldsymbol{u}}_i(t)$ an den Zell-Mittelwert $\boldsymbol{u}_i(t)$ $(i = 1, \dots, n_g)$ in einem einzigen Vektor

$$\bar{\boldsymbol{u}}(t) := (\bar{\boldsymbol{u}}_1^{\mathsf{T}}(t), \dots, \bar{\boldsymbol{u}}_{n_g}^{\mathsf{T}}(t))^{\mathsf{T}} \in \mathbb{R}^{4n_g}$$

zusammen. Es sei an dieser Stelle noch einmal daran erinnert, dass in jedem Kontrollvolumen die Mittelwerte der konservativen Größen $\rho, \rho v_1, \rho v_2$ und $\rho E$ bestimmt werden, der diskrete Zustandsvektor $\bar{\boldsymbol{u}}$ also die Dimension $n := 4n_g$ hat.

Das in Gleichung (3.9) formulierte numerische Lösungsverfahren lässt sich folglich unter Zusammenfassung der Zellvolumina in der Diagonalmatrix

$$\boldsymbol{\Omega} = \operatorname{diag}(\underbrace{|\sigma_1|, \ldots, |\sigma_1|}_{\text{4-mal}}, \ldots, \underbrace{|\sigma_{n_g}|, \ldots, |\sigma_{n_g}|}_{\text{4-mal}}) \in \mathbb{R}^{n \times n} \tag{3.10}$$

mit einer Funktion

$$\boldsymbol{f}\colon \mathbb{R}^n \to \mathbb{R}^n, \qquad \bar{\boldsymbol{u}}(t) \mapsto \boldsymbol{f}(\bar{\boldsymbol{u}}(t)) = (\boldsymbol{f}_1(\bar{\boldsymbol{u}}(t))^\mathsf{T}, \ldots, \boldsymbol{f}_{n_g}(\bar{\boldsymbol{u}}(t))^\mathsf{T})^\mathsf{T},$$

$$\boldsymbol{f}_i(\bar{\boldsymbol{u}}(t)) := \sum_{j \in N(i)} \sum_{k=1}^{2} |e_{ij}^{(k)}| \, \boldsymbol{H}(\bar{\boldsymbol{u}}_i(t), \bar{\boldsymbol{u}}_j(t), \boldsymbol{n}_{ij}^{(k)}), \qquad i = 1, \ldots, n_g$$

schreiben als

$$\frac{\mathrm{d}}{\mathrm{d}t} \bar{\boldsymbol{u}}(t) = -\boldsymbol{\Omega}^{-1} \boldsymbol{f}(\bar{\boldsymbol{u}}(t)). \tag{3.11}$$

Der Rand des in Abschnitt 3.1 beschriebenen NACA0012-Profils $\partial P$ sowie der Rand des ihn umgebenden Gebietes werden durch Polygonzüge approximiert. Auf diese Weise erhalten wir ein durch Geradenstücke berandetes Gebiet $\mathcal{U}$, auf das wir die beschriebene räumliche Diskretisierungsmethode anwenden können.

Für das hier verwendete in Abbildung 3.3 dargestellte primäre Netz gilt $n_t = 9050$. Das zugehörige sekundäre Netz mit $n_g = 4605$ ist in der Abbildung nicht dargestellt. In der direkten Tragflächenumgebung wird eine feinere Auflösung gewählt, welche zum äußeren Rand hin kontinuierlich gröber wird. Diese Wahl liegt darin begründet, dass das Tragflächenprofil nur in seiner näheren Umgebung relevante Änderungen an den vorgegebenen Anfangsbedingungen (siehe Abschnitt 4.1) hervorrufen wird und diese Anfangsbedingungen in großer Entfernung des Profils nahezu unverändert bleiben werden. Dennoch ist das Gebiet hinreichend groß zu wählen, um unerwünschte Einflüsse des äußeren Randes auf die Lösung zu minimieren.

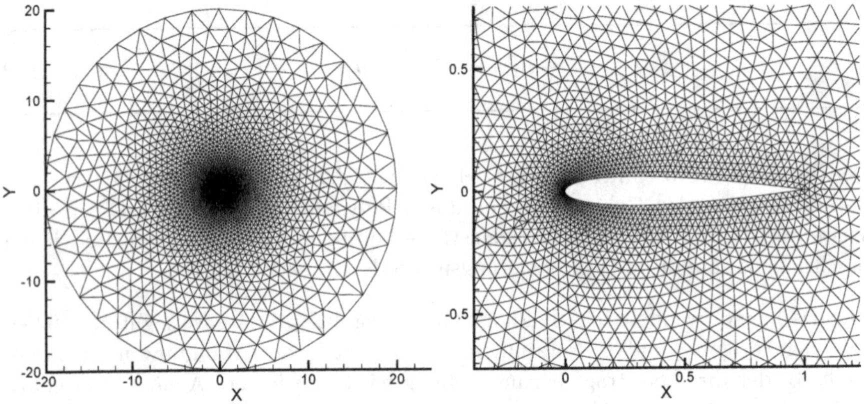


**Abbildung 3.3:** Links: Primäres Netz um das NACA0012-Profil in der Komplettansicht.
Rechts: Close-Up auf die Tragflächenumgebung. Die Tragfläche erstreckt sich in $x$-Richtung von 0 bis 1

# 4 Anfangs- und Randwerte für die Euler-Gleichungen

## 4.1 Anfangswerte

Wie in Abschnitt 2.3 diskutiert, approximieren wir in der vorliegenden Arbeit stationäre Lösungen $\boldsymbol{u}(\boldsymbol{x})$ der Euler-Gleichungen durch Lösungen $\boldsymbol{u}(\boldsymbol{x}, t = T)$ der pseudozeitabhängigen Euler-Gleichungen (2.13a) zu einem hinreichend großen Pseudozeitpunkt $t = T$. Die bei der Verwendung der pseudozeitabhängigen Gleichungen notwendige Anfangsbedingung $\boldsymbol{u}(\boldsymbol{x}, t = 0) = \boldsymbol{u}_0(\boldsymbol{x})$ legen wir in Abhängigkeit der folgenden beiden Parameter fest:

(a) Anstellwinkel $\alpha$,

(b) *freestream* Mach-Zahl $\mathrm{Ma}_\infty = \frac{\|\boldsymbol{v}_\infty\|_2}{c_\infty}$,

wobei $c = \sqrt{\gamma p/\rho}$ die Schallgeschwindigkeit angibt. Der Anstellwinkel ist wie in Abbildung 3.1 dargestellt der Winkel zwischen der Profilsehne und der Richtung der ungestörten Luftströmung, wobei ein Winkel von $\alpha = 0°$ eine Strömung von Westen nach Osten und ein Winkel von $\alpha = 90°$ eine Strömung von Süden nach Norden relativ zum Tragflächenprofil beschreibt.

Die Anfangswerte entsprechen der ungestörten Luftströmung und werden daher auch als *freestream conditions* bezeichnet. Diese *freestream*-Werte werden wir durch den Index $\infty$ kennzeichnen, womit ausgedückt werden soll, dass die vorgegebenen Anfangswerte in großer Entfernung von der Tragfläche unverändert bleiben werden und die Tragfläche nur in ihrer näheren Umgebung relevante Änderungen an den Anfangsdaten hervorrufen wird. Wir wählen für die primitiven Variablen die folgenden *freestream conditions*:

(a) $\rho_\infty = 1$,

(b) $v_{1,\infty} = \cos(\alpha)$,

(c) $v_{2,\infty} = \sin(\alpha)$,

(d) $p_\infty = \frac{\rho_\infty \|\boldsymbol{v}_\infty\|_2^2}{\gamma \mathrm{Ma}_\infty^2} = \frac{1}{\gamma \mathrm{Ma}_\infty^2}$.

Entsprechend lautet die Anfangsbedingung für den Zustandsvektor in konservativen Variablen

$$\boldsymbol{u}_0(\boldsymbol{x}) = \boldsymbol{u}_0(\alpha, \mathrm{Ma}_\infty) = \begin{pmatrix} \rho_\infty \\ \rho_\infty v_{1,\infty} \\ \rho_\infty v_{2,\infty} \\ \rho_\infty E_\infty \end{pmatrix} = \begin{pmatrix} 1 \\ \cos(\alpha) \\ \sin(\alpha) \\ \frac{1}{\gamma(\gamma-1)\mathrm{Ma}_\infty^2} + \frac{1}{2} \end{pmatrix} \quad \forall \boldsymbol{x} \in \mathcal{U}.$$

Für das numerische Lösungsverfahren ergeben sich auf Grund der räumlich konstanten Anfangswerte der Euler-Gleichungen auch identische Zellmittelwerte:

$$\bar{\boldsymbol{u}}_i^0 = \frac{1}{|\sigma_i|} \int_{\sigma_i} \boldsymbol{u}_0(\boldsymbol{x})\,\mathrm{d}\boldsymbol{x} = \boldsymbol{u}_0(\alpha, \mathrm{Ma}_\infty) \quad \forall i \in \{1, \ldots, n_g\}.$$

## 4.2 Randwerte

Der Rand des betrachteten räumlichen Gebietes $\mathcal{U} \subset \mathbb{R}^2$ besteht aus zwei Komponenten: Der Oberfläche des Tragflächenprofils $\partial\mathcal{U}_1$ und dem äußeren Rand $\partial\mathcal{U}_2$ (siehe Abbildung 3.3).

Bei $\partial\mathcal{U}_1$ liegt eine feste Wand vor, da die Strömung nicht in das Tragflächeninnere eindringen kann. Wir fordern hier also das Verschwinden der Normalkomponente der Geschwindigkeit [1]

$$\boldsymbol{v} \cdot \boldsymbol{n} = 0, \tag{4.1}$$

wobei $\boldsymbol{n}$ den Einheitsnormalenvektor an einem Punkt des Profilrandes bezeichnet. Die Strömung verläuft an der Profiloberfläche demnach ausschließlich tangential.

Für die linke Hälfte der Randkomponente $\partial\mathcal{U}_2$ geben wir die *freestream*-Bedingungen als *inflow* vor [1]. Damit dies zulässig ist, dürfen die vom Tragflächenprofil an der ungestörten Strömung hervorgerufenen Änderungen nicht bis zum äußeren Rand vordringen, weshalb dieser Rand hinreichend weit vom Tragflächenprofil entfernt sein muss. Wie in Abbildung 3.3 zu sehen ist, beträgt der Gesamtdurchmesser des betrachteten räumlichen Gebietes daher das 40-fache der Profilsehnenlänge. Für die rechte Hälfte der Randkomponente $\partial\mathcal{U}_2$ wird eine *outflow*-Randbedingung genutzt.

# 5 Reduced-Order Modeling (ROM)

Wie in Kapitel 4 erläutert, ist die Lösung der Euler-Gleichungen abhängig von den gewählten Anfangs- und Randbedingungen. Diese wiederum legen wir anhand der beiden Parameter $\alpha$ und $\mathrm{Ma}_\infty$ fest, die wir in einem Parametervektor

$$\boldsymbol{\vartheta} = (\vartheta_1, \vartheta_2)^\mathsf{T} \in \mathcal{P} \subseteq \mathbb{R}^2 \quad \text{mit} \quad \vartheta_1 = \alpha, \; \vartheta_2 = \mathrm{Ma}_\infty$$

zusammenfassen.

Die von den Parametern $\boldsymbol{\vartheta}$ abhängige stationäre Lösung von (3.11) erfüllt die Gleichung

$$\boldsymbol{\Omega}^{-1} \boldsymbol{f}(\bar{\boldsymbol{u}}) = \boldsymbol{0} \tag{5.1}$$

und wir schreiben $\bar{\boldsymbol{u}} = \bar{\boldsymbol{u}}(\boldsymbol{\vartheta})$.

Bei dem vorliegenden Testfall der Umströmung eines Tragflächenprofils werden nur sehr wenige Eingabeparameter benötigt (Anstellwinkel, Mach-Zahl) und in praktischen Anwendungen sind oft nur wenige Ausgabewerte von Interesse (z. B. diverse aerodynamische Kenngrößenwerte, s. Kap. 8). Zwischen diesen wenigen Eingabe- und Ausgabegrößen besteht jedoch kein einfacher Zusammenhang, vielmehr müssen bei jeder Änderung auch nur einer einzigen Eingabegröße die neuen Ausgabeparameter aus der Lösung des im Folgenden als *Full-Order Model* (FOM) bezeichneten Anfangswertproblems (3.11) zu einem hinreichend großen Pseudozeitpunkt $t = T \in \mathbb{R}^+$ wieder aufwändig berechnet werden. Der hierbei nötige hohe Aufwand resultiert einerseits aus der Notwendigkeit der Verwendung hinreichend vieler Pseudozeitschritte sowie andererseits aus der im Rahmen des gewählten Vorgehens notwendigen Lösung großer linearer Gleichungssysteme der Dimension $n \times n$ mit $n \sim 10^4$, wie in Kapitel 7 eingehender erläutert werden wird.

Ziel des *Reduced-Order Modeling* (ROM) ist die Vermeidung dieser aufwändigen Lösung dieses FOM durch die Erstellung eines reduzierten Modells, das das ursprüngliche FOM ersetzt. Einerseits muss dieses *Reduced-Order Model* (ebenfalls mit ROM bezeichnet) die Eigenschaften des FOM möglichst gut wiedergeben und andererseits müssen Lösungen im Rahmen des ROM viel schneller als die entsprechenden Lösungen des FOM berechenbar sein. Das ROM wird dabei auf der Grundlage einiger weniger FOM-Lösungen für verschiedene Eingabeparameter $\boldsymbol{\vartheta}$ erstellt, die als *Snapshots* bezeichnet werden und deren Auswahl maßgeblich für die Güte des ROM ist.

Der Einsatz eines ROM macht allerdings nur dann Sinn, wenn eine große Zahl von Lösungen für viele verschiedene Parameterwerte berechnet werden soll. In diesem Fall können für einige wenige Parameterwerte teure FOM-Lösungen berechnet werden, die dann als Snapshots dem ROM als Grundlage für die gegenüber dem FOM stark beschleunigte Berechnung weiterer Lösungen für die übrigen Parameterwerte dienen. Ist man hingegen nur an der Berechnung weniger Lösungen interessiert, ist die Erstellung der teuren Snapshot-Basis und damit der Einsatz des ROM nicht sinnvoll.

Konkret wählen wir eine aus $m \ll n$ stationären FOM-Lösungen $\boldsymbol{u}^{(i)} := \bar{\boldsymbol{u}}(\boldsymbol{\vartheta}^{(i)})$ $(i = 1, \ldots, m)$ bestehende Snapshot-Basis, die mit dem in Kapitel 7 beschriebenen Vorgehen bestimmt werden kann. Die Snapshots hängen dabei wie oben erläutert von den Parametervektoren $\boldsymbol{\vartheta}^{(i)}$ $(i = 1, \ldots, m)$ ab.

Mittels einer sogenannten *Proper Orthogonal Decomposition* (POD) oder auch *Karhunen-Loeve Decomposition* wird aus den $m$ gewählten, nach der Zentrierung auf ihren Mittelwert notwendigerweise linear abhängigen Snapshots $\hat{\boldsymbol{u}}^{(i)}$ eine gewisse Anzahl linear unabhängiger sogenannter *POD-Moden* gewonnen, die eine Orthonormalbasis von $\mathcal{U} := \operatorname{span}\{\hat{\boldsymbol{u}}^{(1)}, \ldots, \hat{\boldsymbol{u}}^{(m)}\}$ bilden. Durch eine Linearkombination der POD-Moden werden Näherungen $\boldsymbol{u}^*$ an bisher unbekannte FOM-Lösungen $\bar{\boldsymbol{u}}(\boldsymbol{\vartheta}^*)$ mit $\boldsymbol{\vartheta}^* \notin \{\boldsymbol{\vartheta}^{(1)}, \ldots, \boldsymbol{\vartheta}^{(m)}\}$ bestimmt. Die Koeffizienten dieser Linearkombination werden wir als *POD-Koeffizienten* bezeichnen und die berechneten Näherungen als *(POD-)ROM-Lösungen*. Die Nutzung der POD-Moden bietet zwei wesentliche Vorteile im Vergleich zur Verwendung der ursprünglichen Snapshots:

(1) Die Anzahl der POD-Moden ist stets geringer als die Anzahl der gewählten Snapshots, was in einem geringeren Speicherbedarf des ROM resultiert,

(2) Auf Grund der Orthonormalität der POD-Moden beinhalten bereits wenige Moden einen Großteil der in der Gesamtheit aller Snapshots vorhandenen Information, sodass der Speicherbedarf und die Geschwindigkeit des ROM noch weiter verbessert werden können, indem um den Preis eines geringen Informationsverlustes nur gewisse ausgewählte Moden gespeichert und verwendet werden.

Die im Folgenden gegebene Darstellung des *Reduced-Order Modeling* orientiert sich an der Arbeit von Zimmermann [24].

## 5.1 Proper Orthogonal Decomposition (POD)

Sei eine aus $m \ll n$ stationären FOM-Lösungen $\boldsymbol{u}^{(i)} := \bar{\boldsymbol{u}}(\boldsymbol{\vartheta}^{(i)})$ $(i = 1, \ldots, m)$ bestehende Snapshot-Basis gegeben. Bezeichne

$$\hat{\boldsymbol{u}}^{(i)} := \boldsymbol{u}^{(i)} - \boldsymbol{z} \text{ für } i = 1, \ldots, m, \quad \boldsymbol{z} = \frac{1}{m} \sum_{i=1}^{m} \boldsymbol{u}^{(i)}, \tag{5.2}$$

die auf ihr arithmetisches Mittel $\boldsymbol{z}$ zentrierten Snapshots. Wir fassen diese als Spalten der Matrix

$$\boldsymbol{\Phi} := (\hat{\boldsymbol{u}}^{(1)}, \ldots, \hat{\boldsymbol{u}}^{(m)}) \in \mathbb{R}^{n \times m} \tag{5.3}$$

zusammen.

Um die Struktur des verwendeten räumlichen Gitters in das ROM zu integrieren, führen wir ein entsprechendes Skalarprodukt und die davon induzierte Norm, welche wir als diskrete $L_2$-Norm bezeichnen, ein.

**Definition 5.1** (**$L_2$-Skalarprodukt und $L_2$-Norm**): *Sei $\boldsymbol{\Omega}$ durch* (3.10) *gegeben. Wir bezeichnen*

$$\langle \cdot, \cdot \rangle_{L_2} : \mathbb{R}^n \times \mathbb{R}^n \to \mathbb{R}, \quad (\boldsymbol{u}, \boldsymbol{v}) \mapsto \langle \boldsymbol{u}, \boldsymbol{v} \rangle_{L_2} := \boldsymbol{u}^\mathsf{T} \boldsymbol{\Omega} \boldsymbol{v} \tag{5.4}$$

*als das diskrete $L_2$-Skalarprodukt. Die von diesem Skalarprodukt induzierte Norm*

$$\| \cdot \|_{L_2} : \mathbb{R}^n \to \mathbb{R}_0^+, \quad \boldsymbol{u} \mapsto \|\boldsymbol{u}\|_{L_2} := \sqrt{\langle \boldsymbol{u}, \boldsymbol{u} \rangle_{L_2}} \tag{5.5}$$

*bezeichnen wir als diskrete $L_2$-Norm.*

Wir geben hier ein Lemma an, dessen Aussagen wir im anschließenden Satz 5.3 benötigen werden und verweisen für den Beweis auf das Lehrbuch von Meister [13].

**Lemma 5.2**: *Sei $\boldsymbol{A} \in \mathbb{R}^{m \times m}$ symmetrisch. Dann existiert eine orthogonale Matrix $\boldsymbol{V} \in \mathbb{R}^{m \times m}$ derart, dass*

$$\boldsymbol{V}^\mathsf{T} \boldsymbol{A} \boldsymbol{V} = \operatorname{diag}\{\lambda_1, \ldots, \lambda_m\} \in \mathbb{R}^{m \times m}$$

*gilt. Hierbei stellt für $i = 1, \ldots, m$ jeweils $\lambda_i \in \mathbb{R}$ den Eigenwert der Matrix $\boldsymbol{A}$ mit der i-ten Spalte von $\boldsymbol{V}$ als zugehörigen Eigenvektor dar.*

In Anlehnung an das in Definition 5.1 erklärte Skalarprodukt betrachten wir im Folgenden die sogenannte *Korrelationsmatrix*

$$\boldsymbol{\Phi}^\mathsf{T} \boldsymbol{\Omega} \boldsymbol{\Phi} \in \mathbb{R}^{m \times m}$$

mit der zentrierten Snapshot-Matrix $\boldsymbol{\Phi}$ (5.3) und der Matrix $\boldsymbol{\Omega}$ (3.10), die die Zellvolumina auf der Diagonalen enthält. Wir werden die POD-Moden mit Hilfe der Eigenvektoren und Eigenwerte dieser Matrix definieren. Daher klären wir im nun folgenden Satz zunächst die Existenz und Verteilung dieser Eigenwerte.

**Satz 5.3**: *Die Matrix $\boldsymbol{\Phi}^\mathsf{T}\boldsymbol{\Omega}\boldsymbol{\Phi} \in \mathbb{R}^{m\times m}$ ist diagonalisierbar, alle Eigenwerte sind reell und es gibt eine Orthonormalbasis $\{\boldsymbol{v}^{(1)}, \ldots, \boldsymbol{v}^{(m)}\}$ des $\mathbb{R}^m$ aus Eigenvektoren von $\boldsymbol{\Phi}^\mathsf{T}\boldsymbol{\Omega}\boldsymbol{\Phi}$. Weiterhin gilt bei einer der Größe nach absteigenden Anordnung der Eigenwerte $\lambda_1 \geqslant \lambda_2 \geqslant \ldots \geqslant \lambda_m$, dass $\lambda_m = 0$.*

**Beweis:** Wegen $(\boldsymbol{\Phi}^\mathsf{T}\boldsymbol{\Omega}\boldsymbol{\Phi})^\mathsf{T} = \boldsymbol{\Phi}^\mathsf{T}\boldsymbol{\Omega}^\mathsf{T}(\boldsymbol{\Phi}^\mathsf{T})^\mathsf{T} = \boldsymbol{\Phi}^\mathsf{T}\boldsymbol{\Omega}\boldsymbol{\Phi}$ ist $\boldsymbol{\Phi}^\mathsf{T}\boldsymbol{\Omega}\boldsymbol{\Phi}$ symmetrisch und somit nach Lemma 5.2 diagonalisierbar mit ausschließlich reellen Eigenwerten $\lambda_1, \lambda_2, \ldots, \lambda_m$, die im Folgenden stets ihrer Größe nach absteigend angeordnet sein sollen.

Dem selben Lemma zufolge existiert eine orthogonale Matrix $\boldsymbol{V} = (\boldsymbol{v}^{(1)}, \ldots, \boldsymbol{v}^{(m)})$, die die Eigenvektoren von $\boldsymbol{\Phi}^\mathsf{T}\boldsymbol{\Omega}\boldsymbol{\Phi}$ als Spalten enthält. Auf Grund der Orthogonalität von $\boldsymbol{V}$ gilt $\langle \boldsymbol{v}^{(i)}, \boldsymbol{v}^{(j)} \rangle_2 = \delta_{ij}$ für alle $i, j \in \{1, \ldots, m\}$, d. h. die $m$ Eigenvektoren sind paarweise orthonormal, bilden also eine Orthonormalbasis des $\mathbb{R}^m$.

Weiterhin gilt für alle $\boldsymbol{u} \in \mathbb{R}^m \backslash \{\boldsymbol{0}\}$ mit der Bezeichnung $\boldsymbol{\Omega} = (\omega_{ij})_{1\leqslant i,j\leqslant n}$, $\omega_{ij} = 0$ für $i \neq j$, $\omega_{ii} > 0$

$$\boldsymbol{u}^\mathsf{T}(\boldsymbol{\Phi}^\mathsf{T}\boldsymbol{\Omega}\boldsymbol{\Phi})\boldsymbol{u} = (\boldsymbol{\Phi}\boldsymbol{u})^\mathsf{T}\boldsymbol{\Omega}(\boldsymbol{\Phi}\boldsymbol{u}) = \omega_{11}(\boldsymbol{\Phi}\boldsymbol{u})_1^2 + \ldots + \omega_{nn}(\boldsymbol{\Phi}\boldsymbol{u})_n^2 \geqslant 0.$$

Daher ist $\boldsymbol{\Phi}^\mathsf{T}\boldsymbol{\Omega}\boldsymbol{\Phi}$ positiv semidefinit, woraus $\lambda_1 \geqslant \lambda_2 \geqslant \ldots \geqslant \lambda_m \geqslant 0$ folgt. Außerdem gilt

$$\sum_{i=1}^{m} \hat{\boldsymbol{u}}^{(i)} = \sum_{i=1}^{m} \left(\boldsymbol{u}^{(i)} - \boldsymbol{z}\right) = \sum_{i=1}^{m} \boldsymbol{u}^{(i)} - m\boldsymbol{z} = \sum_{i=1}^{m} \boldsymbol{u}^{(i)} - \frac{m}{m}\sum_{j=1}^{m} \boldsymbol{u}^{(i)} = \boldsymbol{0}.$$

Somit sind die gemittelten Snapshots $\hat{\boldsymbol{u}}^{(i)}$, also auch die Spalten der Matrix $\boldsymbol{\Phi}$ linear abhängig, was $\operatorname{rang}(\boldsymbol{\Phi}) = \dim(\operatorname{im}(\boldsymbol{\Phi})) < m$ impliziert. Nach dem Rangsatz folgt daraus

$$\dim(\ker(\boldsymbol{\Phi})) = \dim(\mathbb{R}^m) - \dim(\operatorname{im}(\boldsymbol{\Phi})) > m - m = 0.$$

Folglich besitzt $\boldsymbol{\Phi}$ einen nicht-trivialen Kern und es gibt ein $\boldsymbol{v} \in \mathbb{R}^m \backslash \{\boldsymbol{0}\}$ so, dass $\boldsymbol{\Phi}\boldsymbol{v} = \boldsymbol{0}$. Daraus folgt

$$\boldsymbol{v}^\mathsf{T}(\boldsymbol{\Phi}^\mathsf{T}\boldsymbol{\Omega}\boldsymbol{\Phi})\boldsymbol{v} = \omega_{11}(\boldsymbol{\Phi}\boldsymbol{v})_1^2 + \ldots + \omega_{nn}(\boldsymbol{\Phi}\boldsymbol{v})_n^2 = 0.$$

$\boldsymbol{\Phi}^\mathsf{T}\boldsymbol{\Omega}\boldsymbol{\Phi}$ ist also positiv semidefinit, jedoch nicht positiv definit, was $\lambda_m = 0$ impliziert. □

Für jeden positiven Eigenwert $\lambda_i$ von $\boldsymbol{\Phi}^\mathsf{T}\boldsymbol{\Omega}\boldsymbol{\Phi}$ mit zugehörigem Eigenvektor $\boldsymbol{v}^{(i)}$, d. h.

$$(\boldsymbol{\Phi}^\mathsf{T}\boldsymbol{\Omega}\boldsymbol{\Phi})\boldsymbol{v}^{(i)} = \lambda_i \boldsymbol{v}^{(i)} \tag{5.6}$$

definieren wir die zugeordnete POD-Mode $\boldsymbol{w}^{(i)}$ durch

$$\boldsymbol{w}^{(i)} := \frac{1}{\sqrt{\lambda_i}} \boldsymbol{\Phi} \boldsymbol{v}^{(i)} \in \mathbb{R}^n, \tag{5.7}$$

wobei

$$m_{\max} := \max\{i \in \{1, \dots, m\} \mid \lambda_i > 0\} \leqslant m - 1$$

die Anzahl der positiven Eigenwerte und damit die Anzahl der POD-Moden angibt.

Wie eingangs erläutert sollen die POD-Moden so gewählt werden, dass sie paarweise orthonormal sind und $\mathcal{U} = \operatorname{span}\{\hat{\boldsymbol{u}}^{(1)}, \dots, \hat{\boldsymbol{u}}^{(m)}\}$ aufspannen. Wir zeigen im folgenden Satz zunächst die Orthonormalität bezüglich des in Definition 5.1 erklärten Skalarproduktes.

**Satz 5.4**: *Die POD-Moden* $\{\boldsymbol{w}^{(1)}, \dots, \boldsymbol{w}^{(m_{\max})}\}$ *bilden ein Orthonormalsystem in dem Prähilbertraum* $W = (\mathbb{R}^n, \langle \cdot, \cdot \rangle_{L_2})$.

**Beweis:** Für $i, j \in \{1, \dots m_{\max}\}$ gilt:

$$\begin{aligned}
\left\langle \boldsymbol{w}^{(i)}, \boldsymbol{w}^{(j)} \right\rangle_{L_2} &= \left\langle \frac{1}{\sqrt{\lambda_i}} \boldsymbol{\Phi} \boldsymbol{v}^{(i)}, \frac{1}{\sqrt{\lambda_j}} \boldsymbol{\Phi} \boldsymbol{v}^{(j)} \right\rangle_{L_2} = \left( \frac{1}{\sqrt{\lambda_i}} \boldsymbol{\Phi} \boldsymbol{v}^{(i)} \right)^{\mathsf{T}} \boldsymbol{\Omega} \left( \frac{1}{\sqrt{\lambda_j}} \boldsymbol{\Phi} \boldsymbol{v}^{(j)} \right) \\
&= \frac{1}{\sqrt{\lambda_i \lambda_j}} \left( \boldsymbol{v}^{(i)} \right)^{\mathsf{T}} \boldsymbol{\Phi}^{\mathsf{T}} \boldsymbol{\Omega} \boldsymbol{\Phi} \boldsymbol{v}^{(j)} \overset{(5.6)}{=} \frac{1}{\sqrt{\lambda_i \lambda_j}} \left( \boldsymbol{v}^{(i)} \right)^{\mathsf{T}} \lambda_j \boldsymbol{v}^{(j)} = \sqrt{\frac{\lambda_j}{\lambda_i}} \left( \boldsymbol{v}^{(i)} \right)^{\mathsf{T}} \boldsymbol{v}^{(j)} \\
&= \sqrt{\frac{\lambda_j}{\lambda_i}} \left\langle \boldsymbol{v}^{(i)}, \boldsymbol{v}^{(j)} \right\rangle_2 = \begin{cases} 0 & \text{für} \quad i \neq j \\ \sqrt{\frac{\lambda_i}{\lambda_i}} = 1 & \text{für} \quad i = j \end{cases}
\end{aligned}$$

□

Wir ordnen den POD-Moden einen *relativen Informationsgehalt*

$$\operatorname{RIC}(\widetilde{m}) := \left( \sum_{i=1}^{\widetilde{m}} \sqrt{\lambda_i} \right) \Big/ \left( \sum_{i=1}^{m_{\max}} \sqrt{\lambda_i} \right) \tag{5.8}$$

zu. Die Entscheidung, diesen Informationsgehalt an die Quadratwurzel des der jeweiligen POD-Mode entsprechenden Eigenwertes der Korrelationsmatrix zu knüpfen, liegt in der in Lemma 5.5 angegebenen Gestalt der POD-Koeffizienten begründet. Der RIC gibt an, welcher Anteil des Gesamtinformationsgehaltes aller POD-Moden bereits in den ersten $\widetilde{m} \leqslant m_{\max}$ POD-Moden enthalten ist. Die numerischen Ergebnisse in Abschnitt 9.2 werden zeigen, dass bereits in wenigen POD-Moden ein Großteil der Gesamtinformation enthalten ist und daher der Gedanke nahe liegt, sich auf diese wenigen POD-Moden zu beschränken um damit das ROM um den Preis eines geringen Informationsverlustes weiter zu verkleinern und somit zu beschleunigen.

Anhand des vollen Satzes von $m_{\max}$ POD-Moden kann jeder Snapshot $\boldsymbol{u}^{(i)}$ ($i = 1,\ldots,m$) exakt rekonstruiert werden, wie in Lemma 5.7 bewiesen werden wird. Beschränken wir uns hingegen auf $\widetilde{m} \leqslant m_{\max}$ POD-Moden ist diese Rekonstruktion nicht mehr notwendigerweise exakt und erfolgt mittels einer orthogonalen Projektion von $\hat{\boldsymbol{u}}^{(i)}$ auf $\operatorname{span}\{\boldsymbol{w}^{(1)},\ldots,\boldsymbol{w}^{(\widetilde{m})}\}$:

$$\widetilde{\boldsymbol{u}}^{(i)} = \boldsymbol{z} + \sum_{j=1}^{\widetilde{m}} a_j^{(i)} \boldsymbol{w}^{(j)}, \quad i = 1,\ldots,m \tag{5.9}$$

mit den POD-Koeffizienten

$$a_j^{(i)} = \left\langle \hat{\boldsymbol{u}}^{(i)}, \boldsymbol{w}^{(j)} \right\rangle_{L_2}, \quad j = 1,\ldots,\widetilde{m}. \tag{5.10}$$

**Lemma 5.5**: *Es gilt*

$$a_j^{(i)} = \sqrt{\lambda_j} v_i^{(j)} \tag{5.11}$$

*für* $i = 1,\ldots,m$ *und* $j = 1,\ldots,\widetilde{m}$.

**Beweis:** Wegen (5.6) gilt

$$\left(\hat{\boldsymbol{u}}^{(i)}\right)^{\mathsf{T}} \left(\boldsymbol{\Omega}\boldsymbol{\Phi}\boldsymbol{v}^{(j)}\right) = \sum_{\nu=1}^{n} \hat{u}_\nu^{(i)} \cdot (\boldsymbol{\Omega}\boldsymbol{\Phi}\boldsymbol{v}^{(j)})_\nu = \sum_{\nu=1}^{n} \boldsymbol{\Phi}_{i\nu}^{\mathsf{T}} \cdot (\boldsymbol{\Omega}\boldsymbol{\Phi}\boldsymbol{v}^{(j)})_\nu = \lambda_j v_i^{(j)}.$$

Damit folgt

$$a_j^{(i)} = \left\langle \hat{\boldsymbol{u}}^{(i)}, \boldsymbol{w}^{(j)} \right\rangle_{L_2} = \left(\hat{\boldsymbol{u}}^{(i)}\right)^{\mathsf{T}} \boldsymbol{\Omega}\boldsymbol{w}^{(j)} \stackrel{(5.7)}{=} \frac{1}{\sqrt{\lambda_j}} \left(\hat{\boldsymbol{u}}^{(i)}\right)^{\mathsf{T}} \boldsymbol{\Omega}\boldsymbol{\Phi}\boldsymbol{v}^{(j)} = \sqrt{\lambda_j} v_i^{(j)}.$$

□

**Satz 5.6**: *Die auf ihr arithmetisches Mittel zentrierten Snapshots liegen im Spann der POD-Moden, d. h.*

$$\hat{\boldsymbol{u}}^{(i)} \in \operatorname{span}(\boldsymbol{w}^{(1)},\ldots,\boldsymbol{w}^{(m_{\max})}), \quad i = 1,\ldots,m. \tag{5.12}$$

**Beweis:** Nach Satz 5.3 gilt für $j \in \{m_{\max}+1,\ldots,m\}$, dass $\boldsymbol{\Phi}^{\mathsf{T}}\boldsymbol{\Omega}\boldsymbol{\Phi}\boldsymbol{v}^{(j)} = \boldsymbol{0}$ da $\lambda_j = 0$ und somit

$$\|\boldsymbol{\Phi}\boldsymbol{v}^{(j)}\|_{L_2} = \frac{1}{|\boldsymbol{\Omega}|}(\boldsymbol{v}^{(j)})^{\mathsf{T}}\boldsymbol{\Phi}^{\mathsf{T}}\boldsymbol{\Omega}\boldsymbol{\Phi}\boldsymbol{v}^{(j)} = 0 \implies \boldsymbol{\Phi}\boldsymbol{v}^{(j)} = \boldsymbol{0}. \tag{$*$}$$

$\boldsymbol{v}^{(1)},\ldots\boldsymbol{v}^{(m)}$ bilden eine Basis des $\mathbb{R}^m$. Folglich gibt es $\mu_i^j \in \mathbb{R}$ ($i,j = 1,\ldots m$) so, dass

$$\boldsymbol{e}_i = \sum_{j=1}^{m} \mu_i^j \boldsymbol{v}^{(j)}, \quad i = 1,\ldots m,$$

wobei $\boldsymbol{e}_i$ den $i$-ten Standardbasis-Vektor des $\mathbb{R}^m$ bezeichnet. Für $i = 1, \dots m$ folgt

$$\hat{\boldsymbol{u}}^{(i)} = \boldsymbol{\Phi}\boldsymbol{e}_i = \boldsymbol{\Phi}\sum_{j=1}^{m}\mu_i^j\boldsymbol{v}^{(j)} = \sum_{j=1}^{m}\mu_i^j\boldsymbol{\Phi}\boldsymbol{v}^{(j)} \overset{(*)}{=} \sum_{j=1}^{m_{\max}}\mu_i^j\boldsymbol{\Phi}\boldsymbol{v}^{(j)} \overset{(5.7)}{=} \sum_{j=1}^{m_{\max}}\mu_i^j\sqrt{\lambda_j}\boldsymbol{w}^{(j)},$$

und somit $\hat{\boldsymbol{u}}^{(i)} \in \operatorname{span}(\boldsymbol{w}^{(1)}, \dots, \boldsymbol{w}^{(m_{\max})})$, wie behauptet. □

**Lemma 5.7**: *Im Fall* $\widetilde{m} = m_{\max} \leqslant m - 1$ *werden die Snapshots mittels Gleichung* (5.9) *exakt rekonstruiert.*

**Beweis:** Es gelte $\widetilde{m} = m_{\max}$. Nach Satz 5.6 gibt es $\eta_i^j \in \mathbb{R}$ ($i = 1, \dots, m$, $k = 1, \dots m_{\max}$) so, dass

$$\hat{\boldsymbol{u}}^{(i)} = \sum_{k=1}^{m_{\max}}\eta_i^k\boldsymbol{w}^{(k)}.$$

Dann folgt für $i = 1, \dots, m$

$$\begin{aligned}
\widetilde{\boldsymbol{u}}^{(i)} &= \boldsymbol{z} + \sum_{j=1}^{\widetilde{m}}\left\langle\hat{\boldsymbol{u}}^{(i)}, \boldsymbol{w}^{(j)}\right\rangle_{L_2}\boldsymbol{w}^{(j)} = \boldsymbol{z} + \sum_{j=1}^{m_{\max}}\left\langle\sum_{k=1}^{m_{\max}}\eta_i^k\boldsymbol{w}^{(k)}, \boldsymbol{w}^{(j)}\right\rangle_{L_2}\boldsymbol{w}^{(j)} \\
&= \boldsymbol{z} + \sum_{j=1}^{m_{\max}}\sum_{k=1}^{m_{\max}}\eta_i^k\left\langle\boldsymbol{w}^{(k)}, \boldsymbol{w}^{(j)}\right\rangle_{L_2}\boldsymbol{w}^{(j)} = \boldsymbol{z} + \sum_{j=1}^{m_{\max}}\sum_{k=1}^{m_{\max}}\eta_i^k\delta_{jk}\boldsymbol{w}^{(j)} \\
&= \boldsymbol{z} + \sum_{k=1}^{m_{\max}}\eta_i^k\boldsymbol{w}^{(k)} = \boldsymbol{z} + \hat{\boldsymbol{u}}^{(i)} = \boldsymbol{z} + (\boldsymbol{u}^{(i)} - \boldsymbol{z}) = \boldsymbol{u}^{(i)}.
\end{aligned}$$

□

Wie eingangs erläutert soll das ROM dazu verwendet werden, auf der Grundlage der durch die Lösung des FOM erhaltenen Snapshots eine möglichst gute Approximation $\widetilde{\boldsymbol{u}}^*$ an eine stationäre FOM-Lösung $\bar{\boldsymbol{u}}(\boldsymbol{\vartheta}^*)$ für einen Parametervektor $\boldsymbol{\vartheta}^* = (\vartheta_1^*, \vartheta_2^*)^\mathsf{T}$ zu bestimmen.

Konkret erreichen wir dies durch die Bestimmung eines geeigneten POD-Koeffizientenvektors $\boldsymbol{a}(\boldsymbol{\vartheta}^*) := \boldsymbol{a}^* = (a_1^*, \dots, a_{\widetilde{m}}^*)$, mit Hilfe dessen wir die gesuchte Approximation unter Verwendung der ersten $\widetilde{m} \leqslant m_{\max}$ POD-Moden gemäß

$$\widetilde{\boldsymbol{u}}^* = \boldsymbol{z} + \sum_{j=1}^{\widetilde{m}}a_j^*\boldsymbol{w}^{(j)} \tag{5.13}$$

berechnen.

Hierzu wird jeder POD-Koeffizient $a_1^*, \dots, a_{\widetilde{m}}^*$ einzeln auf der Grundlage der mittels Lemma 5.5 berechneten Koeffizienten der Snapshots interpoliert. Die in dieser Arbeit hierzu verwendeten bivariaten Interpolationsansätze werden in Kapitel 6 vorgestellt.

## 5.2 Berücksichtigung aerodynamischer Nebenbedingungen

Eine wichtige Anwendung kann ich der Vorgabe der gewünschten Werte gewisser aerodynamischer Kenngrößen (s. Kapitel 8) bestehen. Es ist dann eine stationäre Lösung zu bestimmen, aus der die zur Realisierung dieser gewünschten Kenngrößenwerte notwendigen Parameter Anstellwinkel und Mach-Zahl abgelesen werden können.

Das Ziel dieses Abschnitts ist also die Herleitung eines Verfahrens zur Bestimmung eines POD-Koeffizientenvektors $\boldsymbol{a} \in \mathbb{R}^{\widetilde{m}}$ so, dass

$$\boldsymbol{u}(\boldsymbol{a}) = \boldsymbol{z} + \sum_{j=0}^{\widetilde{m}} a_j \boldsymbol{w}^{(j)} \tag{5.14}$$

eine stationäre Lösung der Euler-Gleichungen unter Einhaltung von $n_c \in \mathbb{N}$ vorgegebenen Nebenbedingungen approximiert. Diese Nebenbedingungen sollen in der Form

$$\boldsymbol{g}(\boldsymbol{a}) = \boldsymbol{0} \quad \text{mit} \quad \boldsymbol{g}\colon \mathbb{R}^{\widetilde{m}} \to \mathbb{R}^{n_c} \tag{5.15}$$

darstellbar sein. Dieses von Zimmermann et al. [24] entwickelte Verfahren bezeichnen wir als C-LSQ-ROM (*constrained least squares reduced-order modeling*).

Eine stationäre Lösung der Euler-Gleichungen erfüllt die Bedingung (5.1). Wir identifizieren die dort auftretende Funktion $\boldsymbol{f}\colon \mathbb{R}^n \to \mathbb{R}^n$ im Folgenden mit

$$\boldsymbol{f} \circ \boldsymbol{u}\colon \mathbb{R}^{\widetilde{m}} \to \mathbb{R}^n, \quad (\boldsymbol{f} \circ \boldsymbol{u})(\boldsymbol{a}) := \boldsymbol{f}(\boldsymbol{u}(\boldsymbol{a})) \tag{5.16}$$

und schreiben kürzer $\boldsymbol{f}(\boldsymbol{a})$ anstatt $\boldsymbol{f}(\boldsymbol{u}(\boldsymbol{a}))$.

Die Bestimmung eines geeigneten POD-Koeffizientenvektors $\boldsymbol{a} \in \mathbb{R}^{\widetilde{m}}$, der einerseits via (5.14) zu einer stationären Lösung führt und andererseits die Nebenbedingung (5.15) erfüllt, lässt sich somit gemäß Zimmermann [24] in folgendem Minimierungsproblem formulieren:

$$\min_{\boldsymbol{a} \in \mathbb{R}^{\widetilde{m}}} \|\boldsymbol{\Omega}^{-1} \boldsymbol{f}(\boldsymbol{a})\|_{L_2}^2, \quad \text{s.t.} \quad \boldsymbol{g}(\boldsymbol{a}) = \boldsymbol{0}. \tag{5.17}$$

Um die unterschiedlichen Größen der Kontrollvolumina $\sigma_i$ zu berücksichtigen, wählen wir hier die diskrete $L_2$-Norm aus Definition 5.1. Wegen

$$\begin{aligned}
\|\boldsymbol{\Omega}^{-1} \boldsymbol{f}(\boldsymbol{a})\|_{L_2}^2 &= (\boldsymbol{\Omega}^{-1} \boldsymbol{f}(\boldsymbol{a}))^\mathsf{T} \boldsymbol{\Omega} \boldsymbol{\Omega}^{-1} \boldsymbol{f}(\boldsymbol{a}) = \boldsymbol{f}(\boldsymbol{a})^\mathsf{T} \boldsymbol{\Omega}^{-1} \boldsymbol{f}(\boldsymbol{a}) \\
&= (\boldsymbol{\Omega}^{-1/2} \boldsymbol{f}(\boldsymbol{a}))^\mathsf{T} \boldsymbol{\Omega}^{-1/2} \boldsymbol{f}(\boldsymbol{a}) = \|\boldsymbol{\Omega}^{-1/2} \boldsymbol{f}(\boldsymbol{a})\|_2^2
\end{aligned}$$

gilt

$$\arg\min_{\boldsymbol{a} \in \mathbb{R}^{\widetilde{m}}} \|\boldsymbol{\Omega}^{-1} \boldsymbol{f}(\boldsymbol{a})\|_{L_2}^2 = \arg\min_{\boldsymbol{a} \in \mathbb{R}^{\widetilde{m}}} \frac{1}{2} \|\boldsymbol{\Omega}^{-1/2} \boldsymbol{f}(\boldsymbol{a})\|_2^2 \tag{5.18}$$

und das Minimierungsproblem (5.17) ist äquivalent zu

$$\min_{\boldsymbol{a}\in\mathbb{R}^{\tilde{m}}} \frac{1}{2}\|\boldsymbol{\Omega}^{-1/2}\boldsymbol{f}(\boldsymbol{a})\|_2^2, \quad \text{s.t.} \quad \boldsymbol{g}(\boldsymbol{a}) = \boldsymbol{0}. \tag{5.19}$$

Die Lösung eines Minimierungsproblems der Form (5.19) unter Verwendung des Gauß-Newton-Verfahrens ist in der Arbeit von Gulliksson et al. [8] beschrieben. Wir geben hier in knapper Form die wichtigsten Lösungsideen wieder und verweisen für weitere Details auf die erwähnte Arbeit.

Sei $\boldsymbol{\mu}_2 \in \mathbb{R}^n$ definiert durch $\boldsymbol{\Omega}\boldsymbol{\mu}_2 = \boldsymbol{f}(\boldsymbol{a})$. Wegen

$$\|\boldsymbol{\Omega}^{-1/2}\boldsymbol{f}(\boldsymbol{a})\|_2^2 = \boldsymbol{f}(\boldsymbol{a})^\mathsf{T}\boldsymbol{\Omega}^{-1}\boldsymbol{f}(\boldsymbol{a}) = (\boldsymbol{f}(\boldsymbol{a})^\mathsf{T}\boldsymbol{\Omega}^{-1})\boldsymbol{\Omega}(\boldsymbol{\Omega}^{-1}\boldsymbol{f}(\boldsymbol{a})) = \boldsymbol{\mu}_2^\mathsf{T}\boldsymbol{\Omega}\boldsymbol{\mu}_2$$

ist (5.19) äquivalent zu

$$\min_{\boldsymbol{a}\in\mathbb{R}^{\tilde{m}},\boldsymbol{\mu}_2\in\mathbb{R}^n} \frac{1}{2}\boldsymbol{\mu}_2^\mathsf{T}\boldsymbol{\Omega}\boldsymbol{\mu}_2, \quad \text{s.t.} \quad \boldsymbol{g}(\boldsymbol{a}) = \boldsymbol{0}, \quad \boldsymbol{\Omega}\boldsymbol{\mu}_2 = \boldsymbol{f}(\boldsymbol{a}). \tag{5.20}$$

Seien

$$\boldsymbol{\mu} := \begin{pmatrix}\boldsymbol{\mu}_1\\ \boldsymbol{\mu}_2\end{pmatrix} \in \mathbb{R}^{n_c+n},\ \boldsymbol{M} := \begin{pmatrix}\boldsymbol{0} & \boldsymbol{0}\\ \boldsymbol{0} & \boldsymbol{\Omega}\end{pmatrix} \in \mathbb{R}^{(n_c+n)\times(n_c+n)},\ \boldsymbol{h}(\boldsymbol{a}) := \begin{pmatrix}\boldsymbol{g}(\boldsymbol{a})\\ \boldsymbol{f}(\boldsymbol{a})\end{pmatrix} \in \mathbb{R}^{n_c+n}.$$

Dann lässt sich (5.20) weiter umformulieren zu

$$\min_{\boldsymbol{a}\in\mathbb{R}^{\tilde{m}},\boldsymbol{\mu}\in\mathbb{R}^{(n_c+n)}} \frac{1}{2}\boldsymbol{\mu}^\mathsf{T}\boldsymbol{M}\boldsymbol{\mu}, \quad \text{s.t.} \quad \boldsymbol{M}\boldsymbol{\mu} = \boldsymbol{h}(\boldsymbol{a}). \tag{5.21}$$

Mit der Matrix

$$\boldsymbol{W} := \begin{pmatrix} c & & & \\ & \ddots & & \\ & & c & \\ & & & \boldsymbol{\Omega}^{-1}\end{pmatrix} \in \mathbb{R}^{(n_c+n)\times(n_c+n)}, \quad c \in \mathbb{R}^+$$

gilt $\lim_{c\to\infty} \boldsymbol{W}^{-1} = \boldsymbol{M}$ und (5.21) kann umgeschrieben werden zu

$$\min_{\boldsymbol{a}\in\mathbb{R}^{\tilde{m}}} \frac{1}{2}\|\boldsymbol{W}^{1/2}\boldsymbol{h}(\boldsymbol{a})\|_2^2, \quad c \to \infty. \tag{5.22}$$

$\boldsymbol{W}$ stellt eine Gewichtungsmatrix dar, bei der im Grenzfall $c \to \infty$ die Nebenbedingung $\boldsymbol{g}(\boldsymbol{a}) = \boldsymbol{0}$ des ursprünglichen Minimierungsproblems unendlich stark gewichtet wird, während die einzelnen Komponenten von $\boldsymbol{f}$ lediglich endliche Gewichte in Form der reziproken Kontrollvoluminagrößen aufweisen.

Es ist zu beachten, dass das ursprüngliche Minimierungsproblem mit Nebenbedingungen somit zu einem äquivalenten gewichteten nichtlinearen nebenbedingungsfreien Minimierungsproblem (5.22) umformuliert wurde, welches mittels des Gauß-Newton-Verfahrens gelöst wird.

Hierzu wird die Funktion $\boldsymbol{h}$ um den Punkt $\boldsymbol{a}^{(k)}$ linearisiert:

$$\boldsymbol{W}^{1/2}\boldsymbol{h}(\boldsymbol{a}^{(k)}+\boldsymbol{d}^{(k)}) \approx \boldsymbol{W}^{1/2}\left(\boldsymbol{h}(\boldsymbol{a}^{(k)})+\boldsymbol{h}'(\boldsymbol{a}^{(k)})\cdot\boldsymbol{d}^{(k)}\right).$$

Man erhält damit die folgende Approximation an (5.22):

$$\min_{\boldsymbol{d}^{(k)}\in\mathbb{R}^{\widetilde{m}}} \frac{1}{2}\left\|\boldsymbol{W}^{1/2}\left(\boldsymbol{h}(\boldsymbol{a}^{(k)})+\boldsymbol{h}'(\boldsymbol{a}^{(k)})\cdot\boldsymbol{d}^{(k)}\right)\right\|_2^2, \quad c\to\infty.$$

Dies führt auf ein iteratives Verfahren, dessen Iterierte ausgehend von einem Startwert $\boldsymbol{a}^{(0)}$ für $k\in\mathbb{N}_0$ durch

$$\boldsymbol{a}^{(k+1)} = \boldsymbol{a}^{(k)} + s^{(k)}\boldsymbol{d}^{(k)} \tag{5.23}$$

gegeben sind, wobei $s^{(k)}\in\mathbb{R}$ eine Schrittweite und $\boldsymbol{d}^{(k)}\in\mathbb{R}^{\widetilde{m}}$ eine vom Iterationsschritt abhängige Suchrichtung bezeichnen.

Gemäß Gulliksson [8] und Zimmermann [24] wird die Suchrichtung $\boldsymbol{d}^{(k)}$ durch die Lösung des folgenden linearen Gleichungssystems berechnet:

$$\begin{pmatrix} \boldsymbol{0} & \boldsymbol{0} & \boldsymbol{g}'(\boldsymbol{a}^{(k)}) \\ \boldsymbol{0} & \boldsymbol{\Omega} & \boldsymbol{f}'(\boldsymbol{a}^{(k)}) \\ \boldsymbol{g}'^{\mathsf{T}}(\boldsymbol{a}^{(k)}) & \boldsymbol{f}'^{\mathsf{T}}(\boldsymbol{a}^{(k)}) & \boldsymbol{0} \end{pmatrix} \begin{pmatrix} \boldsymbol{\mu}_1^{(k)} \\ \boldsymbol{\mu}_2^{(k)} \\ \boldsymbol{d}^{(k)} \end{pmatrix} = \begin{pmatrix} -\boldsymbol{g}(\boldsymbol{a}^{(k)}) \\ -\boldsymbol{f}(\boldsymbol{a}^{(k)}) \\ \boldsymbol{0} \end{pmatrix} \tag{5.24}$$

Dabei bezeichnen $\boldsymbol{f}'\in\mathbb{R}^{n\times\widetilde{m}}$ und $\boldsymbol{g}'\in\mathbb{R}^{n_c\times\widetilde{m}}$ die Jacobi-Matrizen der Zielfunktion $\boldsymbol{f}$ resp. der Nebenbedingungsfunktion $\boldsymbol{g}$ und $\boldsymbol{\mu}_1^{(k)}\in\mathbb{R}^{n_c}$, $\boldsymbol{\mu}_2^{(k)}\in\mathbb{R}^{n}$ bezeichnen Lagrange-Multiplikatoren.

**Lemma 5.8**: *Folgende Aussagen sind äquivalent:*

(a) *Das lineare Gleichungssystem* (5.24) *ist eindeutig lösbar.*

(b) $n_c \leqslant \widetilde{m} \;\wedge\; \operatorname{rang}(\boldsymbol{f}') = \widetilde{m} \;\wedge\; \operatorname{rang}(\boldsymbol{g}') = n_c$.

**Beweis:** (a) ⇒ (b): Es gelte $n_c > \widetilde{m}$. Dann folgt $\operatorname{rang}(\boldsymbol{g}') \leqslant \widetilde{m} < n_c$. Also enthalten $\boldsymbol{g}'$ und damit die Systemmatrix $\boldsymbol{A}$ in (5.24) linear abhängige Zeilen, d. h. $\boldsymbol{A}$ ist singulär.

(b) ⇒ (a): Es gelte $n_c \leqslant \widetilde{m} \;\wedge\; \operatorname{rang}(\boldsymbol{f}') = \widetilde{m} \;\wedge\; \operatorname{rang}(\boldsymbol{g}') = n_c$. Dann besitzt $(\boldsymbol{g}'^{\mathsf{T}}, \boldsymbol{f}'^{\mathsf{T}}, \boldsymbol{0})^{\mathsf{T}}$ wegen $\operatorname{rang}(\boldsymbol{f}') = \widetilde{m}$ vollen Spaltenrang und somit $(\boldsymbol{g}'^{\mathsf{T}}, \boldsymbol{f}'^{\mathsf{T}}, \boldsymbol{0})$ vollen Zeilenrang. Da auch $(\boldsymbol{0},\boldsymbol{0},\boldsymbol{g}')$ (wegen $\operatorname{rang}(\boldsymbol{g}') = n_c$) und $(\boldsymbol{0},\boldsymbol{\Omega},\boldsymbol{f}')$ (wegen $\operatorname{rang}(\boldsymbol{\Omega}) = n$) vollen Zeilenrang besitzen, hat die Systemmatrix $\boldsymbol{A}$ vollen Rang, ist also regulär. □

Gemäß Lemma 5.8 ist die Anzahl $n_c$ der zulässigen Nebenbedingungen somit durch die Anzahl $\widetilde{m}$ der verwendeten POD-Moden beschränkt. Sollen mehr als $\widetilde{m}$ Nebenbedingungen berücksichtigt werden, ist die aus dem beschriebenen Verfahren erhaltene Suchrichtung folglich nicht mehr eindeutig bestimmt.

In jedem Iterationsschritt muss ein lineares Gleichungssystem der Größe $n_c + n + \widetilde{m}$ gelöst werden. Der damit verbundene Aufwand steht im Widerspruch zur Philosophie des *Reduced-Order Modeling*, mit dem wir die Lösung großer Gleichungssysteme umgehen wollen. Da der Lösungsanteil der Lagrange-Multiplikatoren für unser Verfahren jedoch nicht benötigt wird und wir lediglich an einem „kleinen“ $\widetilde{m}$-dimensionalen Teil des insgesamt $(n_c + n + \widetilde{m})$-dimensionalen Lösungsvektors interessiert sind, verzichten wir auf die Berechnung des kompletten Lösungsvektors und leiten statt dessen den Ideen von Zimmermann [24] folgend ausschließlich eine analytische Lösung für den die Suchrichtung beschreibenden Lösungsanteil des linearen Gleichungssystem (5.24) her.

Mittels

$$\boldsymbol{R} := \begin{pmatrix} \boldsymbol{\Omega} & \boldsymbol{f}'(\boldsymbol{a}^{(k)}) \\ \boldsymbol{f}'^{\mathsf{T}}(\boldsymbol{a}^{(k)}) & \boldsymbol{0} \end{pmatrix} \in \mathbb{R}^{(n+\widetilde{m})\times(n+\widetilde{m})}, \quad \boldsymbol{F} := \begin{pmatrix} \boldsymbol{0} \\ \boldsymbol{g}'^{\mathsf{T}}(\boldsymbol{a}^{(k)}) \end{pmatrix} \in \mathbb{R}^{(n+\widetilde{m})\times n_c} \tag{5.25}$$

lässt sich die Systemmatrix in (5.24) schreiben als

$$\begin{pmatrix} \boldsymbol{0} & \boldsymbol{0} & \boldsymbol{g}'(\boldsymbol{a}^{(k)}) \\ \boldsymbol{0} & \boldsymbol{\Omega} & \boldsymbol{f}'(\boldsymbol{a}^{(k)}) \\ \boldsymbol{g}'^{\mathsf{T}}(\boldsymbol{a}^{(k)}) & \boldsymbol{f}'^{\mathsf{T}}(\boldsymbol{a}^{(k)}) & \boldsymbol{0} \end{pmatrix} = \left(\begin{array}{c|c} \boldsymbol{0} & \boldsymbol{F}^{\mathsf{T}} \\ \hline \boldsymbol{F} & \boldsymbol{R} \end{array}\right). \tag{5.26}$$

Eine blockweise Invertierung liefert

$$\left(\begin{array}{c|c} \boldsymbol{0} & \boldsymbol{F}^{\mathsf{T}} \\ \hline \boldsymbol{F} & \boldsymbol{R} \end{array}\right)^{-1} = \left(\begin{array}{c|c} \boldsymbol{S} & -\boldsymbol{S}\boldsymbol{F}^{\mathsf{T}}\boldsymbol{R}^{-1} \\ \hline -\boldsymbol{R}^{-1}\boldsymbol{F}\boldsymbol{S} & \boldsymbol{R}^{-1} + \boldsymbol{R}^{-1}\boldsymbol{F}\boldsymbol{S}\boldsymbol{F}^{\mathsf{T}}\boldsymbol{R}^{-1} \end{array}\right), \tag{5.27}$$

mit dem *Schur-Komplement*

$$\boldsymbol{S} = -(\boldsymbol{F}^{\mathsf{T}}\boldsymbol{R}^{-1}\boldsymbol{F})^{-1} \in \mathbb{R}^{n_c \times n_c}. \tag{5.28}$$

Da $\boldsymbol{R} \in \mathbb{R}^{(n+\widetilde{m})\times(n+\widetilde{m})}$ ist auch die direkte Invertierung von $\boldsymbol{R}$ unter den Gesichtspunkten des *Reduced-Order Modeling* unpraktikabel. Statt dessen wenden wir die in Gleichung (5.27) benutzte Technik der blockweisen Invertierung auch auf $\boldsymbol{R}$ an und erhalten

$$\boldsymbol{R}^{-1} = \left(\begin{array}{c|c} \boldsymbol{\Omega} & \boldsymbol{f}' \\ \hline \boldsymbol{f}'^{\mathsf{T}} & \boldsymbol{0} \end{array}\right)^{-1} = \left(\begin{array}{c|c} \boldsymbol{\Omega}^{-1} - \boldsymbol{\Omega}^{-1}\boldsymbol{f}'\boldsymbol{T}\boldsymbol{f}'^{\mathsf{T}}\boldsymbol{\Omega}^{-1} & \boldsymbol{\Omega}^{-1}\boldsymbol{f}'\boldsymbol{T} \\ \hline \boldsymbol{T}\boldsymbol{f}'^{\mathsf{T}}\boldsymbol{\Omega}^{-1} & -\boldsymbol{T} \end{array}\right) \tag{5.29}$$

mit dem *Schur-Komplement*

$$\boldsymbol{T} = (\boldsymbol{f}'^{\mathsf{T}}\boldsymbol{\Omega}^{-1}\boldsymbol{f}')^{-1} \in \mathbb{R}^{\widetilde{m}\times\widetilde{m}}. \tag{5.30}$$

In dieser Form muss lediglich noch $\boldsymbol{\Omega}$ invertiert werden, was auf Grund der Diagonalgestalt von $\boldsymbol{\Omega}$ problemlos möglich ist.

Wegen

$$\begin{aligned}\boldsymbol{F}^\mathsf{T}\boldsymbol{R}^{-1}\boldsymbol{F} &= \begin{pmatrix}\boldsymbol{0} & \boldsymbol{g}'\end{pmatrix}\cdot\left(\begin{array}{c|c}\boldsymbol{\Omega}^{-1}-\boldsymbol{\Omega}^{-1}\boldsymbol{f}'\boldsymbol{T}\boldsymbol{f}'^\mathsf{T}\boldsymbol{\Omega}^{-1} & \boldsymbol{\Omega}^{-1}\boldsymbol{f}'\boldsymbol{T}\\ \hline \boldsymbol{T}\boldsymbol{f}'^\mathsf{T}\boldsymbol{\Omega}^{-1} & -\boldsymbol{T}\end{array}\right)\cdot\begin{pmatrix}\boldsymbol{0}\\ \boldsymbol{g}'^\mathsf{T}\end{pmatrix}\\ &= \begin{pmatrix}\boldsymbol{g}'\boldsymbol{T}\boldsymbol{f}'^\mathsf{T}\boldsymbol{\Omega}^{-1} & -\boldsymbol{g}'\boldsymbol{T}\end{pmatrix}\cdot\begin{pmatrix}\boldsymbol{0}\\ \boldsymbol{g}'^\mathsf{T}\end{pmatrix}\\ &= -\boldsymbol{g}'\boldsymbol{T}\boldsymbol{g}'^\mathsf{T}\end{aligned} \tag{5.31}$$

folgt

$$\boldsymbol{S} = -(\boldsymbol{F}^\mathsf{T}\boldsymbol{R}^{-1}\boldsymbol{F})^{-1} = (\boldsymbol{g}'\boldsymbol{T}\boldsymbol{g}'^\mathsf{T})^{-1}. \tag{5.32}$$

Für die Lösung des linearen Gleichungssystems (5.24) ergibt sich unter der Voraussetzung der Regularität der Systemmatrix folglich

$$\begin{aligned}\begin{pmatrix}\boldsymbol{\mu}_1^{(k)}\\ \boldsymbol{\mu}_2^{(k)}\\ \boldsymbol{d}^{(k)}\end{pmatrix} &= \left(\begin{array}{c|c}\boldsymbol{0} & \boldsymbol{F}^\mathsf{T}\\ \hline \boldsymbol{F} & \boldsymbol{R}\end{array}\right)^{-1}\cdot\begin{pmatrix}-\boldsymbol{g}(\boldsymbol{a}^{(k)})\\ -\boldsymbol{f}(\boldsymbol{a}^{(k)})\\ \boldsymbol{0}\end{pmatrix}\\ &\overset{(5.27)}{=} \left(\begin{array}{c|c}\boldsymbol{S} & -\boldsymbol{S}\boldsymbol{F}^\mathsf{T}\boldsymbol{R}^{-1}\\ \hline -\boldsymbol{R}^{-1}\boldsymbol{F}\boldsymbol{S} & \boldsymbol{R}^{-1}+\boldsymbol{R}^{-1}\boldsymbol{F}\boldsymbol{S}\boldsymbol{F}^\mathsf{T}\boldsymbol{R}^{-1}\end{array}\right)\cdot\begin{pmatrix}-\boldsymbol{g}(\boldsymbol{a}^{(k)})\\ -\boldsymbol{f}(\boldsymbol{a}^{(k)})\\ \boldsymbol{0}\end{pmatrix}.\end{aligned} \tag{5.33}$$

Wie bereits erwähnt, sind wir lediglich an der Suchrichtung $\boldsymbol{d}^{(k)}$ und nicht an den Werten der Lagrange-Multiplikatoren interessiert. Diese Suchrichtung entspricht genau den letzten $\widetilde{m}$ Komponenten des Vektors $((\boldsymbol{\mu}_1^{(k)})^\mathsf{T}, (\boldsymbol{\mu}_2^{(k)})^\mathsf{T}, (\boldsymbol{d}^{(k)})^\mathsf{T})^\mathsf{T}$, sodass aus (5.33) mit der Kurzschreibweise $\boldsymbol{f} = \boldsymbol{f}(\boldsymbol{a}^{(k)})$ und $\boldsymbol{g} = \boldsymbol{g}(\boldsymbol{a}^{(k)})$ weiter folgt:

$$\begin{aligned}\boldsymbol{d}^{(k)} &= \left(\begin{array}{c|c} -\boldsymbol{R}^{-1}\boldsymbol{F}\boldsymbol{S} & \boldsymbol{R}^{-1}+\boldsymbol{R}^{-1}\boldsymbol{F}\boldsymbol{S}\boldsymbol{F}^\mathsf{T}\boldsymbol{R}^{-1}\end{array}\right)_{i\in\mathcal{A}}\cdot\begin{pmatrix}-\boldsymbol{g}\\ -\boldsymbol{f}\\ \boldsymbol{0}\end{pmatrix}\\ &= \underbrace{(\boldsymbol{R}^{-1}\boldsymbol{F}\boldsymbol{S})_{i\in\mathcal{A}}\cdot\boldsymbol{g}}_{\text{(a)}} - \underbrace{(\boldsymbol{R}^{-1})_{i\in\mathcal{A}}\cdot\begin{pmatrix}\boldsymbol{f}\\ \boldsymbol{0}\end{pmatrix}}_{\text{(b)}} - \underbrace{(\boldsymbol{R}^{-1}\boldsymbol{F}\boldsymbol{S}\boldsymbol{F}^\mathsf{T}\boldsymbol{R}^{-1})_{i\in\mathcal{A}}\cdot\begin{pmatrix}\boldsymbol{f}\\ \boldsymbol{0}\end{pmatrix}}_{\text{(c)}}\end{aligned} \tag{5.34}$$

wobei $\mathcal{A} := \{n+1, \ldots, n+\widetilde{m}\}$.

Wir berechnen nun einzeln die Summanden (a), (b) und (c):

(a)

$$\begin{aligned}(\boldsymbol{R}^{-1}\boldsymbol{F}\boldsymbol{S})_{i\in\mathcal{A}}\cdot\boldsymbol{g} &= \left(\begin{array}{c|c}\boldsymbol{\Omega}^{-1}-\boldsymbol{\Omega}^{-1}\boldsymbol{f}'\boldsymbol{T}\boldsymbol{f}'^\mathsf{T}\boldsymbol{\Omega}^{-1} & \boldsymbol{\Omega}^{-1}\boldsymbol{f}'\boldsymbol{T}\\ \hline \boldsymbol{T}\boldsymbol{f}'^\mathsf{T}\boldsymbol{\Omega}^{-1} & -\boldsymbol{T}\end{array}\right)_{i\in\mathcal{A}}\begin{pmatrix}\boldsymbol{0}\\ \boldsymbol{g}'^\mathsf{T}\end{pmatrix}\boldsymbol{S}\boldsymbol{g}\\ &= \left(\begin{array}{c|c}\boldsymbol{T}\boldsymbol{f}'^\mathsf{T}\boldsymbol{\Omega}^{-1} & -\boldsymbol{T}\end{array}\right)\begin{pmatrix}\boldsymbol{0}\\ \boldsymbol{g}'^\mathsf{T}\end{pmatrix}\boldsymbol{S}\boldsymbol{g} = -\boldsymbol{T}\boldsymbol{g}'^\mathsf{T}\boldsymbol{S}\boldsymbol{g}.\end{aligned} \tag{5.35}$$

(b)

$$(\boldsymbol{R}^{-1})_{i\in\mathcal{A}} \cdot \begin{pmatrix} \boldsymbol{f} \\ \boldsymbol{0} \end{pmatrix} = \left( \boldsymbol{T}\boldsymbol{f}'^{\mathsf{T}}\boldsymbol{\Omega}^{-1} \mid -\boldsymbol{T} \right) \cdot \begin{pmatrix} \boldsymbol{f} \\ \boldsymbol{0} \end{pmatrix} = \boldsymbol{T}\boldsymbol{f}'^{\mathsf{T}}\boldsymbol{\Omega}^{-1}\boldsymbol{f}. \tag{5.36}$$

(c)

$$\begin{aligned}(\boldsymbol{R}^{-1}\boldsymbol{F}\boldsymbol{S}\boldsymbol{F}^{\mathsf{T}}\boldsymbol{R}^{-1})_{i\in\mathcal{A}} \cdot \begin{pmatrix} \boldsymbol{f} \\ \boldsymbol{0} \end{pmatrix} &\overset{(5.35)}{=} -(\boldsymbol{T}\boldsymbol{g}'^{\mathsf{T}}\boldsymbol{S}) \cdot (\boldsymbol{F}^{\mathsf{T}}\boldsymbol{R}^{-1}) \cdot \begin{pmatrix} \boldsymbol{f} \\ \boldsymbol{0} \end{pmatrix} \\ &= -(\boldsymbol{T}\boldsymbol{g}'^{\mathsf{T}}\boldsymbol{S}) \left( \begin{pmatrix} \boldsymbol{0} & \boldsymbol{g}' \end{pmatrix} \cdot \left( \begin{array}{c|c} \boldsymbol{\Omega}^{-1} - \boldsymbol{\Omega}^{-1}\nabla\boldsymbol{f}\boldsymbol{T}\nabla\boldsymbol{f}^{\mathsf{T}}\boldsymbol{\Omega}^{-1} & \boldsymbol{\Omega}^{-1}\boldsymbol{f}'\boldsymbol{T} \\ \hline \boldsymbol{T}\boldsymbol{f}'^{\mathsf{T}}\boldsymbol{\Omega}^{-1} & -\boldsymbol{T} \end{array} \right) \right) \cdot \begin{pmatrix} \boldsymbol{f} \\ \boldsymbol{0} \end{pmatrix} \\ &= -(\boldsymbol{T}\boldsymbol{g}'^{\mathsf{T}}\boldsymbol{S}) \left( \boldsymbol{g}'\boldsymbol{T}\boldsymbol{f}'^{\mathsf{T}}\boldsymbol{\Omega}^{-1} \quad -\boldsymbol{g}'\boldsymbol{T} \right) \cdot \begin{pmatrix} \boldsymbol{f} \\ \boldsymbol{0} \end{pmatrix} = -\boldsymbol{T}\boldsymbol{g}'^{\mathsf{T}}\boldsymbol{S}\boldsymbol{g}'\boldsymbol{T}\boldsymbol{f}'^{\mathsf{T}}\boldsymbol{\Omega}^{-1}\boldsymbol{f}. \end{aligned} \tag{5.37}$$

Einsetzen von (5.35), (5.36) und (5.37) in (5.34) liefert die Berechnungsvorschrift für die Suchrichtung:

$$\boldsymbol{d}^{(k)} = -\boldsymbol{T}\boldsymbol{g}'^{\mathsf{T}}\boldsymbol{S}\boldsymbol{g} - (\boldsymbol{I} - \boldsymbol{T}\boldsymbol{g}'^{\mathsf{T}}\boldsymbol{S}\boldsymbol{g}')\boldsymbol{T}\boldsymbol{f}'^{\mathsf{T}}\boldsymbol{\Omega}^{-1}\boldsymbol{f}. \tag{5.38}$$

Alle hier auftretenden Größen sind an der Stelle $\boldsymbol{a}^{(k)}$ auszuwerten. Bei der praktischen Umsetzung des Verfahrens können die Jacobi-Matrizen $\boldsymbol{f}'(\boldsymbol{a}) = \partial\boldsymbol{f}(\boldsymbol{a})/\partial\boldsymbol{a}$ und $\boldsymbol{g}'(\boldsymbol{a}) = \partial\boldsymbol{g}(\boldsymbol{a})/\partial\boldsymbol{a}$ nur schwer bis überhaupt nicht auf analytischem Wege bestimmbar sein. Wir approximieren diese daher mittels finiter Differenzen:

$$\boldsymbol{f}'(\boldsymbol{a}) = (\partial_{a_1}\boldsymbol{f}(\boldsymbol{a}), \ldots, \partial_{a_{\tilde{m}}}\boldsymbol{f}(\boldsymbol{a}))^{\mathsf{T}}, \quad \partial_{a_j}\boldsymbol{f}(\boldsymbol{a}) \approx \frac{1}{\delta\sqrt{\lambda_j}}\Big(\boldsymbol{f}(\boldsymbol{a} + \delta\sqrt{\lambda_j}\boldsymbol{e}_j) - \boldsymbol{f}(\boldsymbol{a})\Big), \tag{5.39}$$

$$\boldsymbol{g}'(\boldsymbol{a}) = (\partial_{a_1}\boldsymbol{g}(\boldsymbol{a}), \ldots, \partial_{a_{\tilde{m}}}\boldsymbol{g}(\boldsymbol{a}))^{\mathsf{T}}, \quad \partial_{a_j}\boldsymbol{g}(\boldsymbol{a}) \approx \frac{1}{\delta\sqrt{\lambda_j}}\Big(\boldsymbol{g}(\boldsymbol{a} + \delta\sqrt{\lambda_j}\boldsymbol{e}_j) - \boldsymbol{g}(\boldsymbol{a})\Big). \tag{5.40}$$

Dabei sind $\delta > 0$ und $\boldsymbol{e}_j \in \mathbb{R}^{\tilde{m}}$ der $j$-te Standardeinheitsvektor. Die einzelnen POD-Koeffizienten weisen unterschiedliche Größenordnungen auf, welche gemäß Lemma 5.5 an die Quadratwurzel des entsprechenden Eigenwertes $\lambda_j$ gekoppelt sind und daher bei der Differenzenschrittweite berücksichtigt werden.

# 6 Bivariate Interpolation

In diesem Kapitel stellen wir die drei zur Interpolation der POD-Koeffizienten (siehe Kapitel 5) verwendeten bivariaten Interpolationsansätze vor. Um die Notation in diesem Kapitel nicht unnötig zu verkomplizieren, gehen wir hier von $m$ gegebenen Datensätzen der Form

$$(x_1, y_1, f_1),\ (x_2, y_2, f_2),\ \dots,\ (x_m, y_m, f_m)$$

aus, auf deren Grundlage der Wert $f^*$ an der Stelle $(x^*, y^*)$ bestimmt werden soll. Wir schreiben auch $f_i = f(x_i, y_i)$ bzw. $f^* = f(x^*, y^*)$. Im Kontext der Anwendung innerhalb des ROM entspricht $(x_i, y_i)^\mathsf{T}$ dem Parametervektor $\boldsymbol{\vartheta}^{(i)} = (\vartheta_1^{(i)}, \vartheta_2^{(i)})^\mathsf{T}$ und der zugehörige Wert $f_i$ entspricht einem POD-Koeffizienten $a_j^{(i)}$, welcher durch Lemma 5.5 für alle $i \in \{1, \dots, m\}$ und alle $j \in \{1, \dots, \widetilde{m}\}$ gegeben ist. Jeder dieser Koeffizienten wird für $j = 1, \dots, \widetilde{m}$ einzeln nach einem der im Folgenden beschriebenen Verfahren interpoliert.

Wir werden dabei stets lokal interpolieren, d. h. dass nur ausgewählte Datensätze aus einer Umgebung des Punktes $(x^*, y^*)$ mit in die Interpolation einbezogen werden.

## 6.1 Bilineare Interpolation

Als Interpolationsansatz verwenden wir das Polynom

$$p(x, y) = \alpha_1 + \alpha_2 x + \alpha_3 y + \alpha_4 xy \tag{6.1}$$

mit reellen Koeffizienten $\alpha_1, \dots, \alpha_4 \in \mathbb{R}$. Wir gehen bei der Verwendung dieses Ansatzes davon aus, dass die gegebenen Datensätze in Form eines rechteckigen Gitters $(x, y)$ vorliegen, wie in Abbildung 6.1 anhand der grünen Punkte dargestellt und dass der Punkt $(x^*, y^*)$ stets innerhalb der konvexen Hülle der Punkte $(x_1, y_1), \dots, (x_m, y_m)$ liegt.

Die Ermittelung des Wertes $f^*$ an der Stelle $(x^*, y^*)$ (violetter Punkt) erfolgt in drei Schritten:

1. Auswahl der vier den Interpolationspunkt direkt umgebenden Datensätze (dunkelgrüne Punkte in Abbildung 6.1). Seien dies die Punkte $Q_{11} = (x_1, y_1)$, $Q_{21} = (x_2, y_1)$, $Q_{12} = (x_1, y_2)$, $Q_{22} = (x_2, y_2)$ mit $x_1 < x_2$ und $y_1 < y_2$.

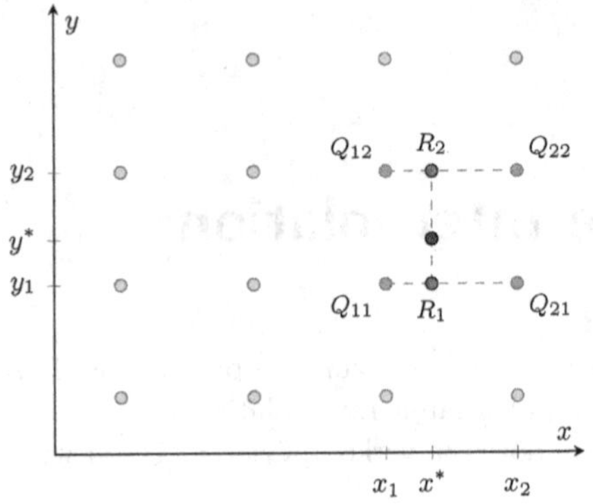


**Abbildung 6.1:** Gegebene Datensätze in Form eines rechteckigen Gitters (hell- und dunkelgrüne Punkte). Zur Interpolation bei dem violetten Punkt werden die vier nächstgelegenen Datensätze (dunkelgrüne Punkte) ausgewählt. Anschließend wird zunächst in $x$-Richtung interpoliert (pinke Punkte) und diese werden anschließend in $y$-Richtung interpoliert.

2. Interpolation in $x$-Richtung bei festgehaltenem $y = y_1$ bzw. $y = y_2$ an den beiden Punkten $R_1 = (x^*, y_1)$ und $R_2 = (x^*, y_2)$:

$$p(R_1) = \frac{x_2 - x^*}{x_2 - x_1} f(Q_{11}) + \frac{x^* - x_1}{x_2 - x_1} f(Q_{21}),$$

$$p(R_2) = \frac{x_2 - x^*}{x_2 - x_1} f(Q_{12}) + \frac{x^* - x_1}{x_2 - x_1} f(Q_{22}).$$

3. Interpolation in $y$-Richtung bei festgehaltenem $x = x^*$ auf Basis von $(R_1, p(R_1))$ und $(R_2, p(R_2))$ für den Punkt $(x^*, y^*)$:

$$f(x^*, y^*) = \frac{y_2 - y^*}{y_2 - y_1} p(R_1) + \frac{y^* - y_1}{y_2 - y_1} p(R_2).$$

Zusammenfassend ergibt sich

$$\begin{aligned} f(x^*, y^*) &= \frac{y_2 - y^*}{y_2 - y_1} \left( \frac{x_2 - x^*}{x_2 - x_1} f(Q_{11}) + \frac{x^* - x_1}{x_2 - x_1} f(Q_{21}) \right) \\ &\quad + \frac{y^* - y_1}{y_2 - y_1} \left( \frac{x_2 - x^*}{x_2 - x_1} f(Q_{12}) + \frac{x^* - x_1}{x_2 - x_1} f(Q_{22}) \right) \\ &= \frac{1}{(x_2 - x_1)(y_2 - y_1)} \Big( f(Q_{11})(x_2 - x^*)(y_2 - y^*) \\ &\quad + f(Q_{21})(x^* - x_1)(y_2 - y^*) + f(Q_{12})(x_2 - x^*)(y^* - y_1) \\ &\quad + f(Q_{22})(x^* - x_1)(y^* - y_1) \Big). \end{aligned} \tag{6.2}$$

Durch Ausmultiplizieren und Vergleichen mit (6.1) ergeben sich die Koeffizienten des ursprünglichen Interpolationsansatzes damit zu

$$\begin{aligned}
\alpha_1 &= \frac{f(Q_{11})x_2y_2 - f(Q_{21})x_1y_2 - f(Q_{12})x_2y_1 + f(Q_{22})x_1y_1}{(x_2-x_1)(y_2-y_1)},\\
\alpha_2 &= \frac{-f(Q_{11})y_2 + f(Q_{21})y_2 + f(Q_{12})y_1 - f(Q_{22})y_1}{(x_2-x_1)(y_2-y_1)},\\
\alpha_3 &= \frac{-f(Q_{11})x_2 + f(Q_{21})x_1 + f(Q_{12})x_2 - f(Q_{22})x_1}{(x_2-x_1)(y_2-y_1)},\\
\alpha_4 &= \frac{f(Q_{11}) - f(Q_{21}) - f(Q_{12}) + f(Q_{22})}{(x_2-x_1)(y_2-y_1)}.
\end{aligned}$$

Obwohl das Polynom (6.1) als Ganzes betrachtet nicht linear sondern quadratisch ist, sprechen wir dennoch von *bilinearer* Interpolation, da die beiden Teilinterpolationen in den Schritten 2 und 3 des oben beschriebenen Vorgehens einzeln betrachtet jeweils linear sind.

## 6.2 Bikubische Interpolation

Als Interpolationsansatz verwenden wir das Polynom

$$p(x,y) = \sum_{i=0}^{3}\sum_{j=0}^{3} \alpha_{ij}x^iy^j \tag{6.3}$$

mit reellen Koeffizienten $\alpha_{ij} \in \mathbb{R}$ $(i,j \in 0,\dots,3)$. Wir gehen auch bei diesem Ansatz davon aus, dass die gegebenen Datensätze in Form eines rechteckigen Gitters $(x,y)$ vorliegen (siehe Abbildung 6.1) und dass der Punkt $(x^*,y^*)$ stets innerhalb der konvexen Hülle der Punkte $(x_1,y_1),\dots,(x_m,y_m)$ liegt.

Als Interpolationsgrundlage werden wieder die vier den Interpolationspunkt direkt umgebenden Datensätze gewählt. Seien dies die wie im vorigen Abschnitt gegebenen Punkte $Q_{11}$, $Q_{21}$, $Q_{12}$ und $Q_{22}$. Um die 16 Interpolations-Koeffizienten $\alpha_{ij}$ anhand der vier ausgewählten Punkte eindeutig festzulegen, stellen wir zusätzliche Bedingungen an die Ableitungen in $x$- und $y$-Richtung.

Für alle $Q = (\bar{x},\bar{y}) \in \{Q_{11},Q_{21},Q_{12},Q_{22}\}$ gelte:

1. $p(Q) = f(Q)$,
2. $\partial_x p(Q) = \sum_{i=1}^{3}\sum_{j=0}^{3} \alpha_{ij}\bar{x}^{i-1}\bar{y}^j = \partial_x f(Q)$,
3. $\partial_y p(Q) = \sum_{i=0}^{3}\sum_{j=1}^{3} \alpha_{ij}\bar{x}^{i}\bar{y}^{j-1} = \partial_y f(Q)$,
4. $\partial_{xy} p(Q) = \sum_{i=1}^{3}\sum_{j=1}^{3} \alpha_{ij}\bar{x}^{i-1}\bar{y}^{j-1} = \partial_{xy} f(Q)$.

Die Bestimmung der Koeffizienten führt daher auf ein Gleichungssystem der Form

$$\boldsymbol{A}\boldsymbol{\alpha} = \boldsymbol{b} \tag{6.4}$$

mit einer von den gewählten Punkten abhängigen Matrix

$$\boldsymbol{A} = \boldsymbol{A}(Q_{11}, Q_{21}, Q_{12}, Q_{22}) \in \mathbb{R}^{16\times 16},$$

$$\boldsymbol{\alpha} = (\alpha_{00}, \alpha_{10}, \ldots, \alpha_{23}, \alpha_{33})^{\mathsf{T}} \in \mathbb{R}^{16}$$

und einer ebenfalls von den Punkten abhängigen rechten Seite

$$\boldsymbol{b} = \boldsymbol{b}(Q_{11}, Q_{21}, Q_{12}, Q_{22}) = (f(Q_{11}), f(Q_{21}), \ldots, \partial_{xy} f(Q_{12}), \partial_{xy} f(Q_{22}))^{\mathsf{T}} \in \mathbb{R}^{16}.$$

Um das lineare Gleichungssystem (6.4) möglichst effizient zu lösen, beseitigen wir die Abhängigkeit der Systemmatrix von den gewählten Interpolationspunkten indem wir diese Punkte zunächst auf die Ecken des Einheitsquadrates $[0,1]^2 \subset \mathbb{R}^2$ projizieren. Damit wird die Systemmatrix unabhängig von den konkret gewählten Punkten und muss lediglich einmalig invertiert werden um anschließend die gesuchten Interpolations-Koeffizienten mittels einer einfachen Matrix-Vektor-Multiplikation

$$\boldsymbol{\alpha} = \boldsymbol{A}^{-1}\boldsymbol{b}(Q_{11}, Q_{21}, Q_{12}, Q_{22}) \tag{6.5}$$

zu berechnen.

Die Projektion von Punkten innerhalb der konvexen Hülle der Punkte $Q_{11} = (x_1, y_1)$, $Q_{21} = (x_2, y_1)$, $Q_{12} = (x_1, y_2)$, $Q_{22} = (x_2, y_2)$, d. h. für Punkte $(x, y) \in [x_1, x_2] \times [y_1, y_2]$ in das Einheitsquadrat erfolgt mittels

$$\Lambda(x, y) = \left(\frac{x - x_1}{x_2 - x_1}, \frac{y - y_1}{y_2 - y_1}\right) \in [0,1]^2. \tag{6.6}$$

Damit gilt $\Lambda(Q_{11}) = (0,0)$, $\Lambda(Q_{21}) = (1,0)$, $\Lambda(Q_{12}) = (0,1)$, $\Lambda(Q_{22}) = (1,1)$ und es ergibt sich eine von den Interpolationspunkten unabhängige Matrix $\boldsymbol{A}$. Mittels Gleichung (6.5) werden die Interpolations-Koeffizienten $\boldsymbol{\alpha}$ bestimmt und der gesuchte Wert mittels $p(\Lambda(x^*, y^*))$ berechnet.

Bei der Berechnung von $\boldsymbol{b}$ in (6.4) werden die Ableitungen $\partial_x f(Q)$, $\partial_y f(Q)$ und $\partial_{xy} f(Q)$ benötigt, welche nicht zur Verfügung stehen. Wir approximieren diese Ableitungen mit zentralen finiten Differenzen im Falle von inneren Punkten bzw. mit einseitigen finiten Differenzen im Falle von Randpunkten. Auf Grund der Transformation auf das Einheitsquadrat beträgt der Abstand zwischen benachbarten Punkten stets 1. Seien alle gegebenen Gitterpunkte $(x_1, y_1), \ldots, (x_m, y_m)$ nummeriert als $Q_{ij}$, wobei der Index $i$ die Lage in $x$-Richtung und der Index $j$ die Lage in $y$-Richtung beschreibt.

$$\partial_x f(Q_{ij}) \approx \begin{cases} \frac{1}{2}(f(Q_{i+1,j}) - f(Q_{i-1,j})) & \text{für inneren Punkt,} \\ f(Q_{i+1,j}) - f(Q_{ij}) & \text{für Punkt am linken Rand,} \\ f(Q_{ij}) - f(Q_{i-1,j}) & \text{für Punkt am rechten Rand.} \end{cases}$$

$$\partial_y f(Q_{ij}) \approx \begin{cases} \frac{1}{2}(f(Q_{i,j+1}) - f(Q_{i,j-1})) & \text{für inneren Punkt,} \\ f(Q_{i,j+1}) - f(Q_{ij}) & \text{für Punkt am unteren Rand,} \\ f(Q_{ij}) - f(Q_{i,j-1}) & \text{für Punkt am oberen Rand.} \end{cases}$$

Entsprechend ist die Approximation der Ableitung $\partial_{xy} f(Q_{ij})$ zu wählen, wobei hier insgesamt neun Fälle zu unterscheiden sind (innerer Punkt, vier Ränder, vier Ecken).

## 6.3 Thin-Plate-Spline Interpolation

Die in den letzten beiden Abschnitten beschriebenen Interpolationsmethoden wählen zur Interpolation an einem Punkt $(x^*, y^*)$ die vier direkt umliegenden Punkte als Datengrundlage aus. Bei der Verwendung des Thin-Plate-Spline-Interpolationsverfahrens (TPS) kann hingegen eine beliebige Anzahl $k \in \mathbb{N}$ von Punkten als Interpolationsgrundlage herangezogen werden.

Es werden dafür die dem Punkt $(x^*, y^*)$ $k$ nächstgelegenen Punkte gewählt, wobei die Abstandsmessung in einem Parameterraum der Form

$$\mathcal{P} = [x_{\min}, x_{\max}] \times [y_{\min}, y_{\max}]$$

auf Grund möglicher Unterschiede in der Größenordnung der Parameter anhand der folgenden gewichteten Metrik erfolgt:

$$d\colon \mathbb{R}^2 \times \mathbb{R}^2 \to \mathbb{R}_0^+, \quad (\boldsymbol{p}, \boldsymbol{q}) \mapsto d(\boldsymbol{p}, \boldsymbol{q}) := \sqrt{\left(\frac{p_1 - q_1}{x_{\max} - x_{\min}}\right)^2 + \left(\frac{p_2 - q_2}{y_{\max} - y_{\min}}\right)^2}. \tag{6.7}$$

Die Datensätze müssen also nicht in Form eines rechteckigen Gitters verteilt sein, sondern können beliebig vorliegen, sofern die entsprechenden Punkte jeweils paarweise verschieden sind. Wir bezeichnen die Thin-Plate-Spline Interpolation unter Ausnutzung der nächstgelegenen $k$ Punkte mit TPS($k$). Die folgende Darstellung stützt sich auf Powell [17].

Die TPS-Interpolationsfunktion $p : \mathbb{R}^2 \to \mathbb{R}$ wird als zweimal stetig differenzierbare Funktion mit quadratintegrablen zweiten partiellen Ableitungen vorausgesetzt, welche die sogenannte Biegeenergie minimiert:

$$p = \underset{s \in C^2(\mathbb{R}^2)}{\arg\min} \int_{\mathbb{R}} \int_{\mathbb{R}} \left(\partial_x^2 s(x,y)\right)^2 + 2\left(\partial_{xy} s(x,y)\right)^2 + \left(\partial_y^2 s(x,y)\right)^2 \, \mathrm{d}x \, \mathrm{d}y. \tag{6.8}$$

Es kann gezeigt werden, dass $p$ die folgende Form hat [7]:

$$p(x,y) = \sum_{i=1}^{k} \alpha_i \psi(\|(x,y) - (x_i, y_i)\|_2) + \alpha_{k+1} + \alpha_{k+2} x + \alpha_{k+3} y \tag{6.9}$$

wobei $(x_1, y_1)$, ..., $(x_k, y_k)$ die $(x^*, y^*)$ $k$ nächstgelegenen Datensätze bezeichnen und

$$\psi\colon \mathbb{R}_0^+ \longrightarrow \mathbb{R}, \quad r \longmapsto \psi(r) = \begin{cases} r^2 \log(r), & r > 0 \\ 0, & r = 0 \end{cases} \tag{6.10}$$

gilt.
Die Forderungen

$$p(x_i, y_i) = f(x_i, y_i) = f_i, \qquad i = 1, \ldots, k$$

sowie

$$\sum_{i=0}^{k} \alpha_i = \sum_{i=0}^{k} \alpha_i x_i = \sum_{i=0}^{k} \alpha_i y_i = 0$$

liefern $k+3$ Bedingungen für die $k+3$ Koeffizienten von $p$ und führen auf das folgende lineare Gleichungssystem:

$$\boldsymbol{A\alpha} = (f_1, \ldots, f_k, 0, 0, 0)^\mathsf{T} \tag{6.11}$$

mit

$$\boldsymbol{A} = \left(\begin{array}{c|c} \boldsymbol{B} & \boldsymbol{C} \\ \hline \boldsymbol{C}^\mathsf{T} & \boldsymbol{0} \end{array}\right), \quad \boldsymbol{B} = (\psi(\|(x_i, y_i) - (x_j, y_j)\|_2))_{1 \leqslant i,j \leqslant k} \in \mathbb{R}^{k \times k}, \tag{6.12}$$

$$\boldsymbol{C} = (\boldsymbol{C}_1^\mathsf{T}, \ldots, \boldsymbol{C}_k^\mathsf{T})^\mathsf{T} \in \mathbb{R}^{k \times 3}, \quad \boldsymbol{C}_i = (1, x_i, y_i), \quad i = 1, \ldots, k. \tag{6.13}$$

Die Matrix $\boldsymbol{A}$ ist genau dann regulär und damit die Interpolationsfunktion $p$ genau dann eindeutig bestimmt, wenn die Interpolationspunkte $(x_1, y_1)$, ..., $(x_k, y_k)$ nicht alle auf einer Geraden liegen, was $k \geqslant 3$ impliziert.

# 7 Lösungsbestimmung im FOM

## 7.1 Numerische Flussfunktion: AUSMDV

Als numerische Flussfunktion $\boldsymbol{H}$ verwenden wir das von Wada und Liou entwickelte Fluss-Vektor-Splitting-Verfahren AUSMDV [21]. Dieses Verfahren reduziert die bei dem Van Leer Fluss-Vektor-Splitting-Verfahren im Bereich der Kontaktunstetigkeit auftretende numerische Dissipation. AUSMDV ist eine Kombination verschiedener Flussfunktionen wie AUSMD, AUSMV und der Flussfunktion von Hänel. Die hier angegebene räumlich zweidimensionale Formulierung stützt sich auf die Darstellung in der Arbeit von Birken [4].

In Abschnitt 3.2 haben wir die numerische Flussfunktion $\boldsymbol{H}$ in Abhängigkeit zweier Zustände $\boldsymbol{u}_L, \boldsymbol{u}_R \in \mathbb{R}^4$ sowie eines Normaleneinheitsvektors $\boldsymbol{n} \in \mathbb{R}^2$ bezüglich des Kontrollvolumenrandes definiert. Um die Notation möglichst übersichtlich zu halten führen wir an dieser Stelle die Komponente der Geschwindigkeit $\boldsymbol{v} = (v_1, v_2)^\mathsf{T}$ in Normalenrichtung

$$v_n := \boldsymbol{v} \cdot \boldsymbol{n}$$

ein und unterdrücken die Darstellung der Abhängigkeit der numerischen Flussfunktion von $\boldsymbol{n}$.

Die numerische Flussfunktion für das AUSMD-Verfahren lautet

$$\boldsymbol{H}^{\text{AUSMD}}(\boldsymbol{u}_L, \boldsymbol{u}_R) = \frac{1}{2}\left[(\rho v_n)_{1/2}(\boldsymbol{\Psi}_L + \boldsymbol{\Psi}_R) - |(\rho v_n)_{1/2}|(\boldsymbol{\Psi}_R - \boldsymbol{\Psi}_L) + \boldsymbol{p}_{1/2}\right] \tag{7.1}$$

mit

$$(\rho v_n)_{1/2} = v_{n,L}^{+}\rho_L + v_{n,R}^{-}\rho_R, \quad \text{Ma}_{L/R} = \frac{v_{n,L/R}}{c_m}, \quad c_m = \max\{c_L, c_R\}, \tag{7.2}$$

$$v_{n,L}^{+} = \begin{cases} \alpha_L \dfrac{(v_{n,L} + c_m)^2}{4c_m} + (1-\alpha_L)\dfrac{v_{n,L} + |v_{n,L}|}{2}, & \text{für } |\text{Ma}_L| \leqslant 1, \\ \dfrac{v_{n,L} + |v_{n,L}|}{2}, & \text{sonst,} \end{cases} \tag{7.3}$$

$$v_{n,R}^{-} = \begin{cases} \alpha_R \dfrac{(v_{n,R} - c_m)^2}{4c_m} + (1-\alpha_R)\dfrac{v_{n,R} - |v_{n,R}|}{2}, & \text{für } |\text{Ma}_R| \leqslant 1, \\ \dfrac{v_{n,R} - |v_{n,R}|}{2}, & \text{sonst,} \end{cases} \tag{7.4}$$

$$\alpha_L = \frac{2(p/\rho)_L}{(p/\rho)_L + (p/\rho)_R}, \qquad \alpha_R = \frac{2(p/\rho)_R}{(p/\rho)_L + (p/\rho)_R}, \tag{7.5}$$

$$\boldsymbol{\Psi} = (1, v_1, v_2, H)^\mathsf{T}, \qquad \boldsymbol{p}_{1/2} = (0, p_{1/2}, 0, 0)^\mathsf{T}, \qquad p_{1/2} = p_L^+ + p_R^-, \tag{7.6}$$

$$p_{L/R}^{\pm} = \begin{cases} \frac{p_{L/R}}{4}(\mathrm{Ma}_{L/R} \pm 1)^2 (2 \mp \mathrm{Ma}_{L/R}), & \text{für } |\mathrm{Ma}_{L/R}| \leqslant 1, \\ p_{L/R} \frac{v_{n,L/R} \pm |v_{n,L/R}|}{2 v_{n,L/R}}, & \text{sonst.} \end{cases} \tag{7.7}$$

Bei auftretenden Schocks ist AUSMD oszillationsanfällig, jedoch besser für Kontaktunstetigkeiten geeignet als das im Folgenden beschriebene AUSMV, dessen Flussfunktion $\boldsymbol{H}^{\mathrm{AUSMV}}$ durch

$$H_i^{\mathrm{AUSMV}}(\boldsymbol{u}_L, \boldsymbol{u}_R) = \begin{cases} H_i^{\mathrm{AUSMD}}(\boldsymbol{u}_L, \boldsymbol{u}_R), & \text{für } i \in \{1, 3, 4\}, \\ v_{n,L}^+ (\rho v_n)_L + v_{n,R}^- (\rho v_n)_R + p_{1/2}, & \text{für } i = 2, \end{cases} \tag{7.8}$$

gegeben ist. AUSMDV erhält man dann als Konvexkombination von AUSMV und AUSMD:

$$\boldsymbol{H}^{\mathrm{AUSMDV}}(\boldsymbol{u}_L, \boldsymbol{u}_R) = \frac{1}{2}(1+s)\boldsymbol{H}^{\mathrm{AUSMV}}(\boldsymbol{u}_L, \boldsymbol{u}_R) + \frac{1}{2}(1-s)\boldsymbol{H}^{\mathrm{AUSMD}}(\boldsymbol{u}_L, \boldsymbol{u}_R), \tag{7.9}$$

mit einer vom Druckgradienten abhängigen Schalterfunktion

$$s = \min\left\{1, K \frac{|p_R - p_L|}{\min\{p_L, p_R\}}\right\} \in [0, 1], \quad K = 10. \tag{7.10}$$

Diese Flussfunktion wird nochmals kombiniert mit sogenannten Schock- und Entropie-Fixes. Um die Leistung der numerischen Flussfunktion bei Schocks weiter zu verbessern, wird der Hänel-Fluss

$$\boldsymbol{H}^{\mathrm{Hänel}}(\boldsymbol{u}_L, \boldsymbol{u}_R) = v_{n,L}^+ (\rho \boldsymbol{\Psi})_L + v_{n,R}^- (\rho \boldsymbol{\Psi})_R + \boldsymbol{p}_{1/2} \tag{7.11}$$

mit eingebracht. Die auftretenden Größen sind wie oben definiert, mit dem Unterschied, dass $\alpha_L = \alpha_R = 1$ zu setzen ist und $\mathrm{Ma}_{L/R}$ durch $\widetilde{\mathrm{Ma}}_{L/R} = v_{n,L/R}/c_{L/R}$ ersetzt wird. Der Schock-Fix ist definiert durch

$$\boldsymbol{H}_{\text{S-Fix}}^{\mathrm{AUSMDV}}(\boldsymbol{u}_L, \boldsymbol{u}_R) = (1 - \delta_{2, S_L + S_R}) \boldsymbol{H}^{\mathrm{AUSMDV}}(\boldsymbol{u}_L, \boldsymbol{u}_R) + \delta_{2, S_L + S_R} \boldsymbol{H}^{\mathrm{Hänel}}(\boldsymbol{u}_L, \boldsymbol{u}_R) \tag{7.12}$$

wobei $S_{L/R} = S(\boldsymbol{u}_{L/R})$ schocksensitive Schalterfunktionen zwischen dem gewöhnlichen AUSMDV- und dem Hänel-Fluss darstellen und gemäß

$$S(\bar{\boldsymbol{u}}_i) = \begin{cases} 1, & \text{falls } \exists j \in N(i) : \left[(v_{n,i} - c_i > 0) \wedge (v_{n,j} - c_j < 0)\right] \\ & \qquad \vee \left[(v_{n,i} + c_i > 0) \wedge (v_{n,j} + c_j < 0)\right], \\ 0, & \text{sonst,} \end{cases} \tag{7.13}$$

gegeben sind.

Der Entropie-Fix ist gegeben durch

$$\boldsymbol{H}_{\text{E-Fix}}^{\text{AUSMDV}}(\boldsymbol{u}_L, \boldsymbol{u}_R) = \boldsymbol{H}^{\text{AUSMDV}}(\boldsymbol{u}_L, \boldsymbol{u}_R) - \begin{cases} C\Delta(v_n - c)\Delta(\rho\boldsymbol{\Psi}), & \text{für } A \wedge \neg B, \\ C\Delta(v_n + c)\Delta(\rho\boldsymbol{\Psi}), & \text{für } \neg A \wedge B, \\ \boldsymbol{0}, & \text{sonst} \end{cases} \tag{7.14}$$

mit $\Delta(\cdot) := (\cdot)_R - (\cdot)_L$, $C = 0.125$ und

$$A = [(v_{n,L} - c_L < 0) \ \wedge \ (v_{n,R} - c_R > 0)],$$
$$B = [(v_{n,L} + c_L < 0) \ \wedge \ (v_{n,R} + c_R > 0)].$$

Bei der Verwendung beider Fixes erhält der Schock-Fix Vorrang vor dem Entropie-Fix:

$$\boldsymbol{H}_{\text{S\&E-Fix}}^{\text{AUSMDV}} = (1 - \delta_{2,S_L+S_R})\boldsymbol{H}_{\text{E-Fix}}^{\text{AUSMDV}} + \delta_{2,S_L+S_R}\boldsymbol{H}^{\text{Hänel}}. \tag{7.15}$$

## 7.2 Lineare Rekonstruktion

Das in Abschnitt 3.2 vorgestellte Finite-Volumen-Verfahren liefert eine stückweise konstante Approximation $\bar{\boldsymbol{u}}(t)$ an die gesuchte Lösung $\boldsymbol{u}(\boldsymbol{x}, t)$. Das hieraus resultierende Verfahren kann somit bezüglich seiner räumlichen Genauigkeit höchstens von erster Ordnung sein [4]. Um die Ordnung zu erhöhen und die Genauigkeit des Verfahrens damit zu verbessern, verwenden wir in jedem Kontrollvolumen $\sigma_i$ eine stückweise lineare Rekonstruktion der Daten. Dieser Rekonstruktionsansatz wird auch als MUSCL (*Modified Upwind Scheme for Conservation Laws*) bezeichnet.

Zusätzlich verwenden wir einen sogenannten *Limiter* $\phi$, der die genaue Art der Rekonstruktion in Abhängigkeit der auftretenden Schocks und lokalen Extrema steuert. Die Rekonstruktion im dem Punkt $\boldsymbol{x}_i$ zugeordneten Kontrollvolumen $\sigma_i$ erfolgt gemäß

$$q(\boldsymbol{x}) = q_i + \phi_i \nabla q_i \cdot (\boldsymbol{x} - \boldsymbol{x}_i), \quad \boldsymbol{x} \in \sigma_i, \tag{7.16}$$

wobei aus Stabilitätsgründen die primitiven Variablen $q \in \{\rho, v_1, v_2, p\}$ anstatt der konservativen Variablen rekonstruiert werden [14].

Ein Wert der Limiterfunktion $\phi_i$ von null entspricht der stückweise konstanten Approximation. In diesem Fall erfolgt also keine Ordnungserhöhung, während für positive Werte der Limiterfunktion eine Erhöhung auf die Verfahrensordnung zwei erzielt werden kann. Für genauere Angaben zur Approximation des Gradienten $\nabla q_i$ verweisen wir auf die Arbeit von Birken [4].

Als Limiter verwenden wir den Barth-Jespersen Limiter [3], der wie folgt definiert ist:

$$\phi_i := \min_{D \in V(i)} \{\phi_{iD}\} \in [0,1], \quad \phi_{iD} := \begin{cases} \min\left\{1, \frac{q_i^{\max} - q_i}{q(\boldsymbol{x}_{D,s}) - q_i}\right\} & \text{für } q(\boldsymbol{x}_{D,s}) - q_i > 0, \\ \min\left\{1, \frac{q_i^{\min} - q_i}{q(\boldsymbol{x}_{D,s}) - q_i}\right\} & \text{für } q(\boldsymbol{x}_{D,s}) - q_i < 0, \\ 1 & \text{für } q(\boldsymbol{x}_{D,s}) - q_i = 0, \end{cases}$$

$$q_i^{\max} := \max_{j \in N(i)} \{q_i, q_j\}, \quad q_i^{\min} := \min_{j \in N(i)} \{q_i, q_j\}. \tag{7.17}$$

$V(i)$, $N(i)$ und $\boldsymbol{x}_{D,s}$ wurden in Abschnitt 3.2 definiert. $q(\boldsymbol{x}_{D,s})$ wird mittels (7.16) bestimmt, wobei der Limiter $\phi_i$ bei der Berechnung gleich eins zu setzen ist.

## 7.3 Pseudozeitintegrationsverfahren

In Abschnitt 3.2 haben wir ein Finite-Volumen-Verfahren beschrieben, welches das ursprüngliche Problem der Lösung eines Systems nichtlinearer *partieller* Differentialgleichungen 1. Ordnung (2.13a) in ein System nichtlinearer *gewöhnlicher* Differentialgleichungen 1. Ordnung überführt. Unter Miteinbeziehung der in Abschnitt 4.1 diskutierten Anfangsbedingung zum Zeitpunkt $t = 0$ erhalten wir das folgende Anfangswertproblem:

$$\frac{\mathrm{d}}{\mathrm{d}t}\bar{\boldsymbol{u}}(t) = -\boldsymbol{\Omega}^{-1}\boldsymbol{f}(\bar{\boldsymbol{u}}(t)), \quad \bar{\boldsymbol{u}}(0) = \boldsymbol{u}_0(\alpha, \mathrm{Ma}_\infty). \tag{7.18}$$

Ein numerisches Verfahren zur Lösung von (7.18) berechnet Näherungswerte $\bar{\boldsymbol{u}}^n \approx \bar{\boldsymbol{u}}(t_n)$ an die Lösung zum Zeitpunkt $t = t_n$ ($n \in \{0, \ldots n_{\max}\}$). Bezeichne $\Delta t_n := t_{n+1} - t_n$ ($n \in \{0, \ldots, n_{\max} - 1\}$) die variable Zeitschrittweite.

Eine Taylorentwicklung der Lösung $\bar{\boldsymbol{u}}$ um den Punkt $t = t_n$ liefert:

$$\bar{\boldsymbol{u}}(t_n + \Delta t_n) = \bar{\boldsymbol{u}}(t_n) + \Delta t_n \frac{\mathrm{d}}{\mathrm{d}t}\bar{\boldsymbol{u}}(t_n) + \mathcal{O}(\Delta t_n^2) \overset{(7.18)}{=} \bar{\boldsymbol{u}}(t_n) - \Delta t_n \boldsymbol{\Omega}^{-1}\boldsymbol{f}(\bar{\boldsymbol{u}}(t_n)) + \mathcal{O}(\Delta t_n^2).$$

Die Vernachlässigung des Terms zweiter Ordnung liefert mit der Festsetzung $\bar{\boldsymbol{u}}^0 := \bar{\boldsymbol{u}}(0)$ ein Verfahren zur Berechnung der Approximation an die Lösung zum Zeitpunkt $t = t_{n+1}$, für deren Berechnung allein die Approximation an die Lösung zum vorangegangenen Zeitpunkt $t = t_n$ benötigt wird:

$$\bar{\boldsymbol{u}}^{n+1} = \bar{\boldsymbol{u}}^n - \Delta t_n \boldsymbol{\Omega}^{-1}\boldsymbol{f}(\bar{\boldsymbol{u}}^n), \quad n = 0, \ldots, n_{\max} - 1. \tag{7.19}$$

Dieses Verfahren wird als das *explizite Euler-Verfahren* bezeichnet. Der Fehler der hiermit berechneten Approximationslösung setzt sich aus zwei Komponenten zusammen:

(a) Der durch die Vernachlässigung der Terme höherer Ordnung in der Taylor-Entwicklung resultierende Fehler.

(b) Der Fehler der dadurch entsteht, dass der Berechnung von $\bar{\boldsymbol{u}}^{n+1}$ die bereits fehlerbehaftete Approximation $\bar{\boldsymbol{u}}^n$ zu Grunde liegt.

Für explizite Verfahren ergibt sich auf Grund der nach Courant, Friedrichs und Lewy benannten CFL-Bedingung eine obere Grenze für die Wahl der Zeitschrittweiten $\Delta t_n \leqslant \Delta t_{\max}$. Bei der Wahl einer Zeitschrittweite $\Delta t_n > \Delta t_{\max}$ ist das explizite Verfahren instabil, womit keine Konvergenz der Näherung gegen die exakte Lösung erwartet werden kann. Die CFL-Bedingung resultiert aus der Tatsache, dass das numerische Abhängigkeitsgebiet das physikalische Abhängigkeitsgebiet umfassen muss, damit das numerische Verfahren physikalisch sinnvolle Lösungen liefern kann.

Um diese Restriktion bei der Wahl der Zeitschritte zu umgehen, ist die Nutzung impliziter Verfahren sinnvoll. Das in dieser Arbeit verwendete *implizite Euler-Verfahren* ergibt sich durch die Auswertung der Funktion $\boldsymbol{f}$ in (7.19) an der Stelle $\bar{\boldsymbol{u}}^{n+1}$:

$$\bar{\boldsymbol{u}}^{n+1} = \bar{\boldsymbol{u}}^n - \Delta t_n \boldsymbol{\Omega}^{-1} \boldsymbol{f}(\bar{\boldsymbol{u}}^{n+1}), \quad n = 0, \ldots, n_{\max} - 1. \tag{7.20}$$

Hier ist im Gegensatz zum expliziten Fall die direkte Berechnung von $\bar{\boldsymbol{u}}^{n+1}$ durch die einmalige Auswertung der Funktion $\boldsymbol{f}$ nicht mehr möglich. Zur nun deutlich aufwändigeren Lösung formen wir (7.20) in das folgende Nullstellenproblem um:

$$\boldsymbol{F}(\boldsymbol{u}) = \boldsymbol{0}, \quad \boldsymbol{F}(\boldsymbol{u}) := \boldsymbol{u} - \bar{\boldsymbol{u}}^n + \Delta t_n \boldsymbol{\Omega}^{-1} \boldsymbol{f}(\boldsymbol{u}). \tag{7.21}$$

Die gesuchte Approximation $\bar{\boldsymbol{u}}^{n+1}$ ergibt sich dann als Nullstelle von $\boldsymbol{F}$.

Wie bereits erwähnt ist auf Grund der Wahl eines impliziten Zeitintegrationsverfahrens die zulässige Zeitschrittweite nicht durch die CFL-Bedingung beschränkt, was es erlaubt, die Schrittweite sukzessive zu erhöhen um so das Voranschreiten in Richtung einer stationären Lösung zu beschleunigen.

Zur Festlegung des Zeitschrittes $\Delta t_n = t_{n+1} - t_n$ im $n$-ten Schritt des Zeitintegrationsverfahrens wählen wir eine Anfangs-CFL-Zahl $\mathrm{CFL}_0$ und erhöhen diese nach einer gewissen Anzahl von Zeitschritten $d$ um einen Faktor $f > 1$. Zusätzlich soll eine maximale CFL-Zahl $\mathrm{CFL}_{\max}$ nicht überschritten werden:

$$\mathrm{CFL}_n = \min\left\{\mathrm{CFL}_0 \cdot f^{\lfloor n/d \rfloor}, \mathrm{CFL}_{\max}\right\}. \tag{7.22}$$

Der Zeitschritt wird mit diesen Hilfsmitteln wie folgt gewählt:

$$\Delta t_n = \mathrm{CFL}_n \min_{i \in \{1,\ldots,n_g\}} \frac{\Delta x_i}{\|\boldsymbol{v}_i\|_2 + c_i}. \tag{7.23}$$

$\Delta x_i := \frac{1}{2} \min_{j \in N(i)} \|\boldsymbol{x}_i - \boldsymbol{x}_j\|_2$ stellt dabei eine Approximation an den Inkreisradius um $\boldsymbol{x}_i$ des Kontrollvolumens $\sigma_i$ dar.

## 7.4 Nullstellenbestimmung: Newton-Verfahren

Das Newton-Verfahren berechnet in seiner ursprünglichen Form ausgehend von einem Startwert $\boldsymbol{u}^{(0)}$ eine Folge von Näherungen $\boldsymbol{u}^{(k)}$ an die Nullstelle der Funktion $\boldsymbol{F}$ wie folgt:

$$\boldsymbol{F}'(\boldsymbol{u}^{(k)})\Delta\boldsymbol{u}^{(k)} = -\boldsymbol{F}(\boldsymbol{u}^{(k)}), \tag{7.24a}$$

$$\boldsymbol{u}^{(k+1)} = \boldsymbol{u}^{(k)} + \Delta\boldsymbol{u}^{(k)}, \quad k \in \mathbb{N}_0. \tag{7.24b}$$

Dabei bezeichnet

$$\boldsymbol{F}'(\boldsymbol{u}) := \frac{\partial \boldsymbol{F}(\boldsymbol{u})}{\partial \boldsymbol{u}} = \boldsymbol{I} + \Delta t_n \boldsymbol{\Omega}^{-1} \frac{\partial \boldsymbol{f}(\boldsymbol{u})}{\partial \boldsymbol{u}}$$

die Jacobi-Matrix von $\boldsymbol{F}$. $\boldsymbol{u}^{(k+1)}$ kann auch als die Nullstelle der Taylor-Entwicklung zweiten Grades der Funktion $\boldsymbol{F}$ um $\boldsymbol{u} = \boldsymbol{u}^{(k)}$ aufgefasst werden:

$$\boldsymbol{T}_2\boldsymbol{F}(\boldsymbol{u}) = \boldsymbol{F}(\boldsymbol{u}^{(k)}) + \boldsymbol{F}'(\boldsymbol{u}^{(k)})(\boldsymbol{u} - \boldsymbol{u}^{(k)}).$$

Abweichend von der Darstellung in (7.24a) verwenden wir in dieser Arbeit nicht die exakte Jacobi-Matrix $\boldsymbol{F}'$, sondern eine Approximation

$$\tilde{\boldsymbol{F}}'(\boldsymbol{u}) = \boldsymbol{I} + \Delta t_n \boldsymbol{\Omega}^{-1} \tilde{\boldsymbol{f}}'(\boldsymbol{u}) \approx \boldsymbol{F}'(\boldsymbol{u}).$$

Bei den überschlängelten Größen wird die in Abschnitt 7.2 besprochene lineare Rekonstruktion der Daten bei der Berechnung der Jacobi-Matrix vernachlässigt. Das dadurch erhaltene Verfahren wird auch als *Verfahren nach der Art eines Newton-Verfahrens* bezeichnet. Im Fall einer hinreichend guten Wahl der Approximation an die Jacobi-Matrix, d. h. falls

$$\rho(\boldsymbol{I} - (\nabla\tilde{\boldsymbol{F}})^{-1}\nabla\boldsymbol{F}) < 1,$$

wobei $\rho$ hier den Spektralradius der Matrix bezeichnet, ist das erhaltene Verfahren immer noch beweisbar lokal konvergent von erster Ordnung [4].

Da wir ausschließlich an der Berechnung stationärer Lösungen interessiert sind, sind keine hohen Ansprüche an die Genauigkeit der mittels des Newton-Verfahrens bestimmten Näherungen an $\bar{\boldsymbol{u}}^n \approx \bar{\boldsymbol{u}}(t_n)$ für die Zeitpunkte $t_n < T$ zu stellen. Allein die letztlich für den hinreichend groß zu wählenden Zeitpunkt $T$ erhaltene Approximation werden wir als Näherung an den stationären Zustand betrachten. Aus diesem Grund ist es ausreichend, in jedem Zeitschritt zur Lösung von $\boldsymbol{F}(\boldsymbol{u}) = 0$

nur einen einzigen Schritt des Verfahrens nach Art eines Newton-Verfahrens auszuführen. Dementsprechend werden auch keinerlei Abbruchbedingungen benötigt.

Auf Grund der Größe der Systemmatrix $\tilde{\boldsymbol{F}}'(\boldsymbol{u}^{(k)})$ ist die exakte Lösung des linearen Gleichungssystems (7.24a) zu aufwändig. Statt dessen lösen wir das System nur näherungsweise mit dem im nächsten Abschnitt beschriebenen GMRES-Verfahren. Durch diese Vorgehensweise erhalten wir ein sogenanntes *inexaktes Verfahren* nach Art eines Newton-Verfahrens.

## 7.5 Lösung linearer Gleichungssysteme: GMRES

Zur Lösung der bei der Anwendung des Newton-Verfahrens auftretenden linearen Gleichungssysteme (LGS) verwenden wir das GMRES-Verfahren (*generalized minimal residual*) von Saad und Schultz [18]. Die nun folgende Darstellung des Verfahrens ist dem Buch von Meister [13] entnommen.

Um die Notation möglichst übersichtlich zu halten, gehen wir in diesem Abschnitt von der Lösung des LGS

$$\boldsymbol{A}\boldsymbol{x} = \boldsymbol{b} \tag{7.25}$$

aus. Die reguläre Matrix $\boldsymbol{A} \in \mathbb{R}^{n \times n}$ und $\boldsymbol{b} \in \mathbb{R}^n$ sind dabei gegeben und es ist eine Lösung $\boldsymbol{x} \in \mathbb{R}^n$ zu bestimmen.

Das GMRES-Verfahren kann sowohl durch die Umformulierung des LGS in ein Minimierungsproblem hergeleitet, als auch als eine Krylov-Unterraum-Methode betrachtet werden. Wir geben hier die Definition einer Projektionsmethode auf einem Krylov-Unterraum an und skizzieren anschließend kurz die Idee der Herleitung des Verfahrens. Beweise für die im folgenden angegebenen Aussagen sowie eine detailliertere Verfahrensbeschreibung findet man z. B. im Buch von Meister [13].

**Definition 7.1 (Krylov-Unterraum-Methode)**: *Eine Krylov-Unterraum-Methode zur Lösung von (7.25) ist ein Verfahren zur Berechnung von Näherungslösungen $\boldsymbol{x}_m \in \boldsymbol{x}_0 + \mathcal{K}_m := \{\boldsymbol{x}_0 + \boldsymbol{y} \mid \boldsymbol{y} \in \mathcal{K}_m\}$ unter der Bedingung*

$$\boldsymbol{b} - \boldsymbol{A}\boldsymbol{x}_m \perp \mathcal{L}_m$$

*mit beliebigem $\boldsymbol{x}_0 \in \mathbb{R}^n$, einem $m$-dimensionalen Unterraum $\mathcal{L}_m$ des $\mathbb{R}^n$ und dem Krylov-Unterraum*

$$\mathcal{K}_m = \mathcal{K}_m(\boldsymbol{A}, \boldsymbol{r}_0) = \operatorname{span}\{\boldsymbol{r}_0, \boldsymbol{A}\boldsymbol{r}_0, \ldots, \boldsymbol{A}^{m-1}\boldsymbol{r}_0\},$$

*wobei $\boldsymbol{r}_0 = \boldsymbol{b} - \boldsymbol{A}\boldsymbol{x}_0$ das Anfangsresiduum bezeichnet.*

Der Krylov-Unterraum ist ebenfalls ein $m$-dimensionaler Unterraum des $\mathbb{R}^n$. Das GMRES-Verfahren ergibt sich als eine sogenannte *schiefe Projektionsmethode* durch die Wahl

$$\mathcal{L}_m = \boldsymbol{A}\mathcal{K}_m = \operatorname{span}\{\boldsymbol{A}\boldsymbol{r}_0, \boldsymbol{A}^2\boldsymbol{r}_0, \ldots, \boldsymbol{A}^m\boldsymbol{r}_0\}.$$

Sei

$$F : \mathbb{R}^n \longrightarrow \mathbb{R},\ \boldsymbol{x} \longmapsto \|\boldsymbol{b} - \boldsymbol{A}\boldsymbol{x}\|_2^2.$$

Es ist offensichtlich, dass die Lösung des LGS (7.25) die Funktion $F$ minimiert und dass auf Grund der Regularität von $\boldsymbol{A}$ nur diese eine Lösung dies tut. Die aus der Minimierung von $F$ über den Raum $\boldsymbol{x}_0+\mathcal{K}_m$ erhaltene Lösung stimmt mit der $m$-ten Näherungslösung der Krylov-Unterraum-Methode in folgendem Sinne überein:

**Lemma 7.2**:

$$\forall \boldsymbol{x}_0 \in \mathbb{R}^n : \quad \widetilde{\boldsymbol{x}} = \arg \min_{\boldsymbol{x}\in\boldsymbol{x}_0+\mathcal{K}_m} F(\boldsymbol{x}) \quad \Longleftrightarrow \quad \boldsymbol{b} - \boldsymbol{A}\widetilde{\boldsymbol{x}} \perp \mathcal{L}_m = \boldsymbol{A}\mathcal{K}_m$$

Somit sind die Lösung des im obigen Lemma formulierten Minimierungsproblems und die Iterierten des GMRES-Verfahrens äquivalent. In der ursprünglichen Formulierung des Verfahrens von Saad und Schultz [18] wird der Arnoldi-Algorithmus zur Berechnung einer Orthonormalbasis $\boldsymbol{V}_m := \{\boldsymbol{v}_1, \ldots \boldsymbol{v}_m\}$ des $m$-ten Krylov-Unterraumes $\mathcal{K}_m$ verwendet. Alternativ können statt dessen auch Householder-Transformationen zur Berechnung dieser Basis verwendet werden, was den Konvergenzverlauf des Verfahrens beschleunigen kann [22].

Das GMRES-Verfahren kann sowohl als direktes als auch als Näherungsverfahren eingesetzt werden. Nach $n$ Iterationen wird auf Grund von $\mathcal{K}_n = \mathbb{R}^n$ und $\boldsymbol{x}_n = \arg\min_{\boldsymbol{x}\in\boldsymbol{x}_0+\mathcal{K}_n} F(\boldsymbol{x})$ die exakte Lösung des LGS gefunden, falls die Folge der Krylov-Unterräume nicht bereits zuvor stationär wird. In letzterem Fall liefert GMRES bereits in dem Schritt in dem die Folge stationär wird die exakte Lösung.

Die Verwendung als exaktes Verfahren ist bei der Lösung großer LGS jedoch aus zweierlei Gründen nicht praktikabel: Einerseits steigt der Berechnungsaufwand der Orthonormalbasis mit der Dimension des Krylov-Unterraumes an und andererseits ist der Speicherplatzbedarf zur Speicherung der Basisvektoren oft zu groß. Wird das Verfahren bis zum letztmöglichen Schritt fortgeführt, muss eine vollbesetzte Matrix $\boldsymbol{V}_n \in \mathbb{R}^{n\times n}$ gespeichert werden. Daher wird das GMRES-Verfahren meist als Näherungsverfahren genutzt und die zulässige Dimension der Krylov-Unterräume durch einen Maximalwert $m$ beschränkt. Ist eine vorgegebene Abbruchbedingung der Form

$$\frac{\|\boldsymbol{r}_m\|_2}{\|\boldsymbol{r}_0\|_2} \leqslant \varepsilon \tag{7.26}$$

für ein vorgegebenes $\varepsilon > 0$ und $\boldsymbol{r}_m := \boldsymbol{b} - \boldsymbol{A}\boldsymbol{x}_m$ beim Erreichen dieser maximalen Dimension noch nicht erfüllt, wird das Verfahren abgebrochen und mit dem aktuellen Näherungswert als Startwert wieder neu gestartet. Zudem wird die maximale Anzahl dieser Restarts vorgegeben. Ein so modifiziertes GMRES-Verfahren wird als *(restarted) GMRES(m)* bezeichnet.

Eine exakte Ausformulierung des GMRES($m$)-Verfahrens in Pseudocode kann den Büchern von Meister [13] und Kelley [11] entnommen werden, wobei in den genannten Quellen der Arnoldi-Algorithmus verwendet wird. Entsprechender Pseudocode für die in der vorliegenden Arbeit gewählten Householder-Transformationen findet sich z. B. in der Arbeit von Walker [22].

Die Konvergenzgeschwindigkeit des Verfahrens hängt stark von der Konditionszahl der Matrix $\boldsymbol{A}$ bzw. im Falle diagonaliserbarer Matrizen von der Verteilung der Eigenwerte ab [11, 13]. Zur Beschleunigung der Konvergenzgeschwindigkeit ist also eine Reduzierung der Konditionszahl $\text{cond}_2(\boldsymbol{A})$ wünschenswert. Dies kann über eine Präkonditionierung des Matrix $\boldsymbol{A}$ erreicht werden, wie im nächsten Abschnitt diskutiert werden wird.

## 7.6 Präkonditionierung: Unvollständige LU-Zerlegung

Ziel der Präkonditionierung ist der Austausch des LGS (7.25) durch ein anderes LGS mit regulärer Systemmatrix $\widetilde{\boldsymbol{A}}$, das die selbe Lösung wie das ursprüngliche System besitzt, dessen Systemmatrix jedoch eine niedrigere Konditionszahl bzw. ein günstigeres Eigenwertspektrum aufweist. Das GMRES-Verfahren wird dann auf dieses äquivalente System angewendet, wodurch eine Beschleunigung der Konvergenzgeschwindigkeit erzielt wird. Wir stellen hier die *unvollständige LU-Zerlegung* (ILU) als Präkonditionierungsverfahren vor und verweisen für die Diskussion weiterer Präkonditionierer sowie detailliertere Darstellungen des im Folgenden Besprochenen abermals auf das Lehrbuch von Meister [13].

Eine LU-Zerlegung der regulären Matrix $\boldsymbol{A} \in \mathbb{R}^{n \times n}$ ist die multiplikative Zerlegung in eine linke untere Dreiecksmatrix $\boldsymbol{L} \in \mathbb{R}^{n \times n}$ und eine rechte obere Dreiecksmatrix $\boldsymbol{U} \in \mathbb{R}^{n \times n}$: $\boldsymbol{A} = \boldsymbol{L}\boldsymbol{U}$. Eine derartige Zerlegung existiert genau dann, wenn $\det \boldsymbol{A}[k] \neq 0$ für alle $k \in \{1, \ldots, n\}$ gilt. Für eine große schwachbesetzte Matrix ist die Berechnung der LU-Zerlegung jedoch aus praktischen Gesichtspunkten unpraktikabel [13]. Statt dessen verwendet man in diesem Fall eine unvollständige LU-Zerlegung.

**Definition 7.3**: *Sei $\mathcal{M}^{\boldsymbol{A}} := \{(i,j) \in \{1,\ldots,n\}^2 \mid a_{ij} \neq 0\}$ die Besetzungsstruktur der Matrix $\boldsymbol{A} \in \mathbb{R}^{n\times n}$. Die Zerlegung*

$$\boldsymbol{A} = \boldsymbol{LU} + \boldsymbol{F} \tag{7.27}$$

*existiere unter den Bedingungen*

(1) $u_{ii} = 1$ *für* $i = 1,\ldots,n$,

(2) $l_{ij} = u_{ij} = 0$, *falls* $(i,j) \notin \mathcal{M}^{\boldsymbol{A}}$,

(3) $(\boldsymbol{LU})_{ij} = a_{ij}$, *falls* $(i,j) \in \mathcal{M}^{\boldsymbol{A}}$,

*und es seien $\boldsymbol{L} = (l_{ij}) \in \mathbb{R}^{n\times n}$ eine linke untere und $\boldsymbol{U} = (u_{ij}) \in \mathbb{R}^{n\times n}$ eine rechte obere Dreiecksmatrix sowie $\boldsymbol{F} \in \mathbb{R}^{n\times n}$. Dann heißt (7.27) unvollständige LU-Zerlegung (ILU) von $\boldsymbol{A}$ zum Muster $\mathcal{M}^{\boldsymbol{A}}$.*

Seien $\mathcal{M}^{\boldsymbol{A}}_{\mathcal{S}}(j) := \{i \mid (i,j) \in \mathcal{M}^{\boldsymbol{A}}\}$, $\mathcal{M}^{\boldsymbol{A}}_{\mathcal{Z}}(j) := \{i \mid (j,i) \in \mathcal{M}^{\boldsymbol{A}}\}$. Für $(k,i) \in \mathcal{M}^{\boldsymbol{A}}$ gilt:

$$a_{ki} \overset{(3)}{=} \sum_{j=1}^{n} l_{kj}u_{ji} = \sum_{j=1}^{i} l_{kj}u_{ji} \overset{(1)}{=} \sum_{j=1}^{i-1} l_{kj}u_{ji} + l_{ki}. \tag{7.28}$$

Umstellen liefert:

$$l_{ki} = a_{ki} - \sum_{j=1}^{i-1} l_{kj}u_{ji}, \quad k \in \{i,\ldots,n\} \cap \mathcal{M}^{\boldsymbol{A}}_{\mathcal{S}}(i), \quad i = 1,\ldots,n. \tag{7.29}$$

Die Summation kann dabei wegen (2) weiter zu $j \in \{1,\ldots,i-1\} \cap \mathcal{M}^{\boldsymbol{A}}_{\mathcal{Z}}(k) \cap \mathcal{M}^{\boldsymbol{A}}_{\mathcal{S}}(i)$ vereinfacht werden. Für $(i,k) \in \mathcal{M}^{\boldsymbol{A}}$ gilt auch:

$$a_{ik} \overset{(3)}{=} \sum_{j=1}^{n} l_{ij}u_{jk} = \sum_{j=1}^{i} l_{ij}u_{jk} = \sum_{j=1}^{i-1} l_{ij}u_{jk} + l_{ii}u_{ik}. \tag{7.30}$$

Umstellen liefert:

$$u_{ik} = \frac{1}{l_{ii}}\left(a_{ik} - \sum_{j=1}^{i-1} l_{ij}u_{jk}\right), \quad k \in \{i+1,\ldots,n\} \cap \mathcal{M}^{\boldsymbol{A}}_{\mathcal{Z}}(i), \quad i = 1,\ldots,n. \tag{7.31}$$

Die Summation kann dabei wegen (2) weiter zu $j \in \{1,\ldots,i-1\} \cap \mathcal{M}^{\boldsymbol{A}}_{\mathcal{Z}}(i) \cap \mathcal{M}^{\boldsymbol{A}}_{\mathcal{S}}(k)$ vereinfacht werden.

Mittels (7.29) und (7.31) können die Einträge der Matrizen $\boldsymbol{L}$ und $\boldsymbol{U}$ somit sukzessive berechnet werden.

Der ILU-Präkonditionierer $\boldsymbol{P}_{\text{ILU}}$ wird damit definiert als:

$$\boldsymbol{P}_{\text{ILU}} := \boldsymbol{U}^{-1}\boldsymbol{L}^{-1} \tag{7.32}$$

**Definition 7.4**: *Seien $\boldsymbol{P}_L, \boldsymbol{P}_R \in \mathbb{R}^{n\times n}$ regulär. Dann heißt*

$$\boldsymbol{P}_L\boldsymbol{A}\boldsymbol{P}_R\boldsymbol{x}_p = \boldsymbol{P}_L\boldsymbol{b}, \tag{7.33a}$$

$$\boldsymbol{x} = \boldsymbol{P}_R\boldsymbol{x}_p \tag{7.33b}$$

*das zum Gleichungssystem $\boldsymbol{A}\boldsymbol{x} = \boldsymbol{b}$ gehörige präkonditionierte System. Im Fall $\boldsymbol{P}_L \neq \boldsymbol{I}$ heißt $\boldsymbol{P}_L$ Linkspräkonditionierer und im Fall $\boldsymbol{P}_R \neq \boldsymbol{I}$ heißt $\boldsymbol{P}_R$ Rechtspräkonditionierer.*

Da sich Rechtspräkonditionierung im Fall kompressibler Strömungen einer Linkspräkonditionierung gegenüber als vorteilhafter erwiesen hat [5], verwenden wir $P_{\text{ILU}}$ als Rechtspräkonditionierer, d. h. das präkonditionierte System lautet:

$$\begin{aligned}\boldsymbol{A}\boldsymbol{P}_{\text{ILU}}\boldsymbol{x}_p &= \boldsymbol{b},\\ \boldsymbol{x} &= \boldsymbol{P}_{\text{ILU}}\boldsymbol{x}_p.\end{aligned}$$

Wegen $\boldsymbol{A} \approx \boldsymbol{L}\boldsymbol{U}$ gilt somit $\boldsymbol{A}\boldsymbol{P}_{\text{ILU}} \approx \boldsymbol{L}\boldsymbol{U}\boldsymbol{U}^{-1}\boldsymbol{L}^{-1} = \boldsymbol{I}$ und wir können daher eine Verminderung der Konditionszahl erwarten.

Zunächst wird der Startwert $\boldsymbol{x}_{p,0} = \boldsymbol{P}_{\text{ILU}}^{-1}\boldsymbol{x}_0 = \boldsymbol{L}\boldsymbol{U}\boldsymbol{x}_0$ bestimmt. Im GMRES-Verfahren tritt die Systemmatrix lediglich in Form von Matrix-Vektor-Multiplikationen $\boldsymbol{A}\boldsymbol{P}_{\text{ILU}}\boldsymbol{v}$ auf. Wir beschreiben, wie diese auch ohne $\boldsymbol{P}_{\text{ILU}}$ explizit zu bestimmen, effektiv zu berechnen sind:

1. Löse $\boldsymbol{L}\boldsymbol{z} = \boldsymbol{v}$ durch Vorwärtselimination,
2. Löse $\boldsymbol{U}\boldsymbol{y} = \boldsymbol{z}$ durch Rückwärtselimination,
3. Berechne $\boldsymbol{A}\boldsymbol{y}$.

Es ergibt sich zusammenfassend $\boldsymbol{A}\boldsymbol{y} = \boldsymbol{A}\boldsymbol{U}^{-1}\boldsymbol{z} = \boldsymbol{A}\boldsymbol{U}^{-1}\boldsymbol{L}^{-1}\boldsymbol{v} = \boldsymbol{A}\boldsymbol{P}_{\text{ILU}}\boldsymbol{v}$. Nach Beendigung des GMRES-Verfahrens wird die gesuchte Lösung ebenfalls nach dem obigen Schema aus $\boldsymbol{x}_m = \boldsymbol{P}_{\text{ILU}}\boldsymbol{x}_{p,m}$ berechnet.

Für eine effiziente Implementierung erweist es sich als ausreichend, den Präkonditionierer nicht in jedem Zeitschritt neu zu berechnen, sondern einen einmal berechneten Präkonditionierer für eine gewisse Anzahl an Zeitschritten unverändert beizubehalten und erst danach wieder zu aktualisieren.

# 8 Aerodynamische Kenngrößen

In diesem Kapitel werden wir kurz einige wichtige mit der Umströmung des Tragflächenprofils zusammenhängende aerodynamische Kenngrößen definieren, deren Wert als Nebenbedingung im Rahmen des in Abschnitt 5.2 beschriebenen *reduced-order modeling* festgesetzt werden kann. Wir orientieren uns hierbei an der Darstellung aus dem Buch von Anderson [2].

## 8.1 Druck-, Auftriebs- und Widerstandsbeiwerte

Die auf die Tragfläche einwirkenden Kräfte resultieren im Wesentlichen aus zwei Quellen:

1. Der Druckverteilung auf der Tragflächenoberfläche,
2. Der Verteilung der Scherspannung auf der Tragflächenoberfläche.

Im Rahmen des in dieser Arbeit gewählten Modells der Euler-Gleichungen werden Effekte der inneren Reibung und somit der Scherung vernachlässigt, weshalb wir ausschließlich die von Druckunterschieden entlang der Tragflächenoberfläche hervorgerufenen Effekte berücksichtigen werden. Die Integration der Druckverteilung führt zu einer resultierenden Kraft $\boldsymbol{r}$ auf die Tragfläche, welche gemäß Abbildung 8.1 in die Auftriebskraft $\boldsymbol{l}$ (*lift force*) senkrecht zur Strömungsrichtung und die Widerstandskraft $\boldsymbol{d}$ (*drag force*), die die Strömung in Strömungsrichtung auf die Tragfläche ausübt, zerlegt werden kann. Die Auftriebskraft resultiert aus einem Druckunterschied zwischen der Ober- und der Unterseite des Tragflächenprofils, wobei der Druck an der Unterseite höher als an der Oberseite ist, wie die numerischen Ergebnisse bestätigen werden.

Im Folgenden bezeichnen die Werte mit dem Index $\infty$ stets die *freestream*-Werte der ungestörten Luftströmung (siehe Kapitel 4). Wir definieren die mit den oben erklärten Auftriebs- und Widerstandskräften verknüpften dimensionslosen Koeffizienten

$$c_l := \frac{l}{q_\infty b}, \qquad c_d := \frac{d}{q_\infty b}, \tag{8.1}$$

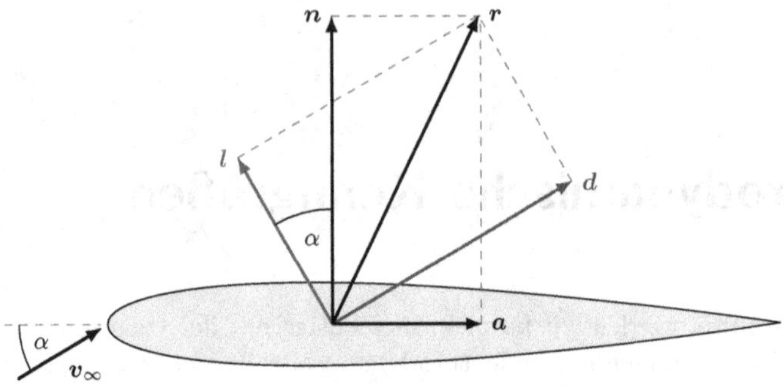


**Abbildung 8.1:** Aufschlüsselung der für einen Anstellwinkel $\alpha$ auf die Tragfläche einwirkenden Kräfte. Die resultierende Gesamtkraft $\boldsymbol{r}$ kann einerseits in senkrecht bzw. parallel zur Profilsehne wirkende Kräfte $\boldsymbol{n}$ und $\boldsymbol{a}$ und andererseits in die Auftriebs- und Widerstandskräfte $\boldsymbol{l}$ und $\boldsymbol{d}$ senkrecht bzw. parallel zur Richtung der Luftströmung $\boldsymbol{v}_\infty$ zerlegt werden.

mit $l := \|\boldsymbol{l}\|_2$, $d := \|\boldsymbol{d}\|_2$, dem Staudruck

$$q_\infty := \frac{1}{2}\rho_\infty \|\boldsymbol{v}_\infty\|_2^2 \tag{8.2}$$

und der Profilsehnenlänge $b$ (siehe Abbildung 3.1). $c_l$ heißt *Auftriebsbeiwert* (*section lift coefficient*) und $c_d$ heißt *Widerstandsbeiwert* (*section drag coefficient*).

Zusätzlich definieren wir noch den *Druckbeiwert*

$$c_p(x,y) := \frac{p(x,y) - p_\infty}{q_\infty} \tag{8.3}$$

für einen Punkt $(x, y) \in \partial P$ auf der Oberfläche des Tragflächenprofils $P$. Dieser Rand ist, wie in Abschnitt 3.1 beschrieben, in der Form

$$\partial P = \{(x,y) \in \mathbb{R}^2 \mid x \in [0,1] \wedge (y = y_o(x) \vee y = y_u(x))\}$$

gegeben, wobei der Index $o$ die Ober- und der Index $u$ die Unterseite der Profiloberfläche bezeichnet. Entsprechend verwenden wir im Folgenden die Kurzschreibweise $c_{p,o/u} := c_p(x, y_{o/u})$.

Anderson zeigt, dass die Beiwerte im Rahmen des betrachteten Modells gemäß

$$c_l = \cos(\alpha)\int_0^1 (c_{p,u} - c_{p,o})\,\mathrm{d}x + \sin(\alpha)\int_0^1 \left(c_{p,u}\frac{\mathrm{d}y_u}{\mathrm{d}x} - c_{p,o}\frac{\mathrm{d}y_o}{\mathrm{d}x}\right)\mathrm{d}x, \tag{8.4}$$

$$c_d = \sin(\alpha)\int_0^1 (c_{p,u} - c_{p,o})\,\mathrm{d}x - \cos(\alpha)\int_0^1 \left(c_{p,u}\frac{\mathrm{d}y_u}{\mathrm{d}x} - c_{p,o}\frac{\mathrm{d}y_o}{\mathrm{d}x}\right)\mathrm{d}x \tag{8.5}$$

berechnet werden können [2], wobei die Profilsehne im gewählten Koordinatensystem entlang der $x$-Achse von 0 bis 1 verläuft und $\alpha$ den Anstellwinkel bezeichnet.

## 8.2 Numerische Implementierung

Es bezeichne $N \in \mathbb{N}$ die Anzahl der Kontrollvolumina $\sigma_1, \ldots, \sigma_N$ entlang des Profilrandes mit den zugehörigen Punkten $\boldsymbol{x}_1 = (x_1, y_1)^T, \ldots, \boldsymbol{x}_N = (x_N, y_N)^T$. Wir nehmen an, dass $N$ gerade ist und die Punkte $\boldsymbol{x}_i$ symmetrisch bezüglich der Profilsehne verteilt sind. Die Volumina seinen derart gegeben, dass $x_1 = y_1 = 0$, $x_i < x_{i+1}$ für $i = 1, \ldots, N/2$, $x_{N/2+1} = 1$, $x_i > x_{i+1}$ für $i = N/2+1, \ldots, N$ gilt, wie in Abbildung 8.2 dargestellt.

**Abbildung 8.2:** Nummerierung der den Kontrollvolumina $\sigma_1, \ldots, \sigma_N$ entsprechenden Punkte $\boldsymbol{x}_1, \ldots, \boldsymbol{x}_N$ auf dem Profilrand

Zur Berechnung von Auftriebs- und Widerstandsbeiwert approximieren wir die Integrale in (8.4) und (8.5) mittels der Trapezregel:

$$
\begin{aligned}
\int_0^1 (c_{p,u} - c_{p,o})\,\mathrm{d}x &= -\sum_{i=N/2+1}^{N} \int_{x_i}^{x_{i+1}} c_{p,u}\,\mathrm{d}x - \sum_{i=1}^{N/2} \int_{x_i}^{x_{i+1}} c_{p,o}\,\mathrm{d}x \\
&\approx -\sum_{i=N/2+1}^{N} \frac{1}{2}(c_p(x_i, y_i) + c_p(x_{i+1}, y_{i+1}))(x_{i+1} - x_i) \\
&\quad -\sum_{i=1}^{N/2} \frac{1}{2}(c_p(x_i, y_i) + c_p(x_{i+1}, y_{i+1}))(x_{i+1} - x_i) \\
&= -\sum_{i=1}^{N} \frac{1}{2}(c_p(x_i, y_i) + c_p(x_{i+1}, y_{i+1}))(x_{i+1} - x_i), \qquad (8.6)
\end{aligned}
$$

$$
\int_0^1 \left( c_{p,u}\frac{\mathrm{d}y_u}{\mathrm{d}x} - c_{p,o}\frac{\mathrm{d}y_o}{\mathrm{d}x} \right) \mathrm{d}x \approx -\sum_{i=1}^{N} \frac{1}{2}(c_p(x_i, y_i) + c_p(x_{i+1}, y_{i+1}))(y_{i+1} - y_i). \quad (8.7)
$$

Wir haben dabei $\boldsymbol{x}_{N+1} := \boldsymbol{x}_1$ gesetzt.

Die Trapezregel weist eine Genauigkeit der Ordnung zwei auf, was in Einklang mit der räumlichen Ordnung des Verfahrens zur Lösung des FOM steht.

# 9 Numerische Ergebnisse

In diesem Kapitel werden die Ergebnisse der im Rahmen dieser Arbeit durchgeführten numerischen Berechnungen präsentiert. Das in Kapitel 5 beschriebene ROM-Verfahren mit den zugehörigen in Kapitel 6 angegebenen Interpolationsmethoden sowie das C-LSQ-ROM-Verfahren wurden in der Programmiersprache C++ umgesetzt.

## 9.1 Erstellung der Snapshot-Basis

Die vom ROM als Snapshot-Grundlage benötigten FOM-Lösungen wurden mittels eines in der Arbeitsgruppe *Analysis und Angewandte Mathematik* an der Universität Kassel entwickelten Codes[1] berechnet, in dem unter anderem die in Kapitel 7 beschriebenen Methoden zur Lösung des FOM umgesetzt sind. Zur Approximation des exakten Flusses der Euler-Gleichungen wurde dabei die AUSMDV-Flussfunktion mit Schock- und Entropie-Fixes und eine stückweise lineare Rekonstruktion genutzt (s. Abschn. 7.1, 7.2). Zur Zeitintegration verwenden wir das implizite Euler-Verfahren, welches inklusive der verwendeten Zeitschrittweitenwahl in Abschnitt 7.3 beschrieben ist. Zur Lösung der auftretenden impliziten Gleichungen wenden wir einen Schritt des Verfahrens nach Art eines Newton-Verfahrens an (s. Abschn. 7.4), wobei das auftretende lineare Gleichungssystem mit dem GMRES-Verfahren in einer *restarted*-Version unter Nutzung einer ILU-Rechtspräkonditionierung näherungsweise gelöst wird.

Bei der Berechnung der FOM-Lösungen verwenden wir das sogenannte *Dichteresiduum*

$$\mathrm{res}_\rho(\bar{\boldsymbol{u}}^n) := \frac{1}{\Delta t_n |0.25 \cdot \boldsymbol{\Omega}|^{1/2}} \|\Delta\bar{\boldsymbol{\rho}}^n\|_{L_2}, \tag{9.1}$$

$$\Delta\bar{\boldsymbol{\rho}}^n := \bar{\boldsymbol{\rho}}^n - \bar{\boldsymbol{\rho}}^{n-1}, \qquad \|\Delta\bar{\boldsymbol{\rho}}^n\|_{L_2} := \sqrt{\sum_{i=1}^{n_g} |\sigma_i| (\Delta\rho_i^n)^2}$$

als Indikator für die Approximationsgüte der beim $n$-ten Zeitschritt erhaltenen Lösung $\bar{\boldsymbol{u}}^n$ an den gesuchten stationären Zustand. Dabei bezeichnet $\Delta\rho_i^n$ den Wert

[1] 2Deu-Code des **SVN Tau**, Revision 422 vom 17.04.2014

der Dichtedifferenz vom $(n-1)$-ten zum $n$-ten Zeitschritt innerhalb des Kontrollvolumens $\sigma_i$. Es werden dann soviele Zeitschritte ausgeführt, bis das Dichteresiduum eine vorgegebene Schranke $\varepsilon_{\text{stat}} > 0$ unterschreitet:

$$\text{res}_\rho(\bar{\boldsymbol{u}}^n) \leqslant \varepsilon_{\text{stat}}. \tag{9.2}$$

Zudem wird eine maximale Anzahl von Zeitschritten $n_{\max}$ vorgegeben. Erfüllt die Lösung $\bar{\boldsymbol{u}}^{n_{\max}}$ die Bedingung (9.2) nicht, wird die Berechnung dennoch beendet und $\bar{\boldsymbol{u}}^{n_{\max}}$ als Näherung an den stationären Zustand akzeptiert.

Wir verwenden die folgenden Parameter:

- Start-CFL-Zahl (s. Gl. (7.22)): $\text{CFL}_0 = 5.0$,
- Anzahl der Zeitschritte, nach denen die CFL-Zahl aktualisiert wird (s. Gl. (7.22)): $d_{\text{CFL}} = 10$,
- CFL-Aktualisierungsfaktor (s. Gl. (7.22)): $f_{\text{CFL}} = 1.15$,
- Maximale CFL-Zahl (s. Gl. (7.22)): $\text{CFL}_{\max} = 200.0$,
- Maximale Anzahl an Newton-Schritten: $k_{\max} = 1$,
- Maximale Krylov-Unterraumdimension bei GMRES: $m_{\max} = 40$,
- Maximale Anzahl von GMRES-Neustarts: $s_{\max} = 2$,
- Toleranz für GMRES (s. Gl. (7.26)): $\varepsilon = 10^{-5}$,
- Anzahl der Zeitschritte, nach denen die ILU-Zerlegung neu berechnet wird: $d_{\text{ILU}} = 10$,
- Maximale Anzahl an Zeitschritten: $n_{\max} = 800$,
- Genauigkeit bei der Berechnung des stationären Zustandes: $\varepsilon_{\text{stat}} = 10^{-4}$.

Der anhand des Dichteresiduums gemessene Konvergenzverlauf auf die stationäre Lösung zu ist für vier verschiedene Parameterkombinationen $(\alpha, \text{Ma}_\infty)$ in Abbildung 9.1 dargestellt.

Es ist zu sehen, dass die Konvergenz für kleine Parameterwerte sowohl des Anstellwinkels als auch der Machzahl schneller erfolgt als für größere Werte. Bei den hier verwendeten Größenordnungen der Parameter wirkt sich die Erhöhung des Anstellwinkels negativer auf den Konvergenzverlauf aus, als die Erhöhung der Mach-Zahl dies tut.

Um die Effizienz des ROM mit dem FOM-Löser vergleichen zu können, sind in Tabelle 9.1 die Anzahl der benötigten Zeitschritte sowie die zur Berechnung benötigte CPU-Zeit für die vier gewählten Parameterkombinationen aufgelistet.

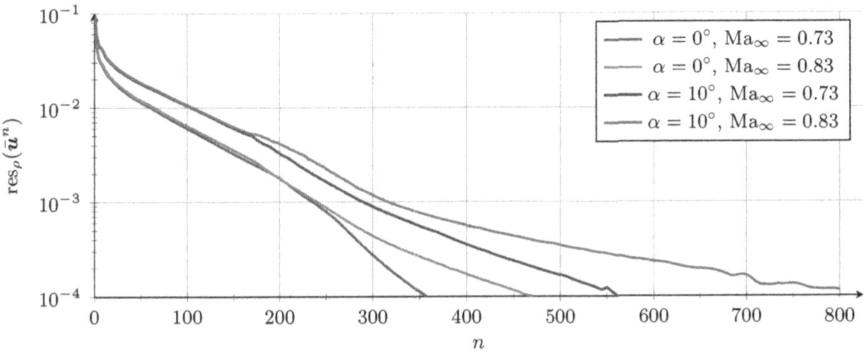


**Abbildung 9.1:** Verlauf des Dichteresiduums in Abhängigkeit von der Anzahl der Zeitschritte $n$ für verschiedene Parameterkombinationen.

| $\alpha$ [°] | $\mathrm{Ma}_\infty$ | Zeitschritte | CPU-Zeit [s] |
|---|---|---|---|
| 0 | 0.73 | 358 | 135.56 |
| 0 | 0.83 | 471 | 184.86 |
| 10 | 0.73 | 562 | 210.16 |
| 10 | 0.83 | 800 | 292.26 |

**Tabelle 9.1:** Anzahl der benötigten Zeitschritte und CPU-Zeit zur Berechnung von FOM-Lösungen für ausgewählte Parameterkombinationen.

Für alle durchgeführten Rechnungen wird der Parameterbereich

$$(\alpha, \mathrm{Ma}_\infty) \in [0, 10] \times [0.73, 0.83]$$

betrachtet, welcher anhand dreier verschiedener Snapshot-Basen der Größe 16, 36 und 64 gleichmäßig in Form eines rechteckigen Gitters gesampelt wird. Die genaue Lage der Snapshots im Parameterraum ist in Abbildung 9.2 dargestellt.

An den durch die zusätzlich eingetragenen roten Punkte dargestellten Stellen wurden ROM-Lösungen berechnet.

## 9.2 Eigenwertverteilung, RIC und POD-Koeffizienten

Wir betrachten die Größenordnung der Eigenwerte der Korrelationsmatrix $\boldsymbol{\Phi}^\mathsf{T}\boldsymbol{\Omega}\boldsymbol{\Phi}$, wobei $\boldsymbol{\Phi}$ gemäß Gleichung (5.3) gegeben ist. Zur Berechnung der Eigenwerte und zugehörigen Eigenvektoren wurde die LAPACK-Funktion DSYEVR verwendet, wel-

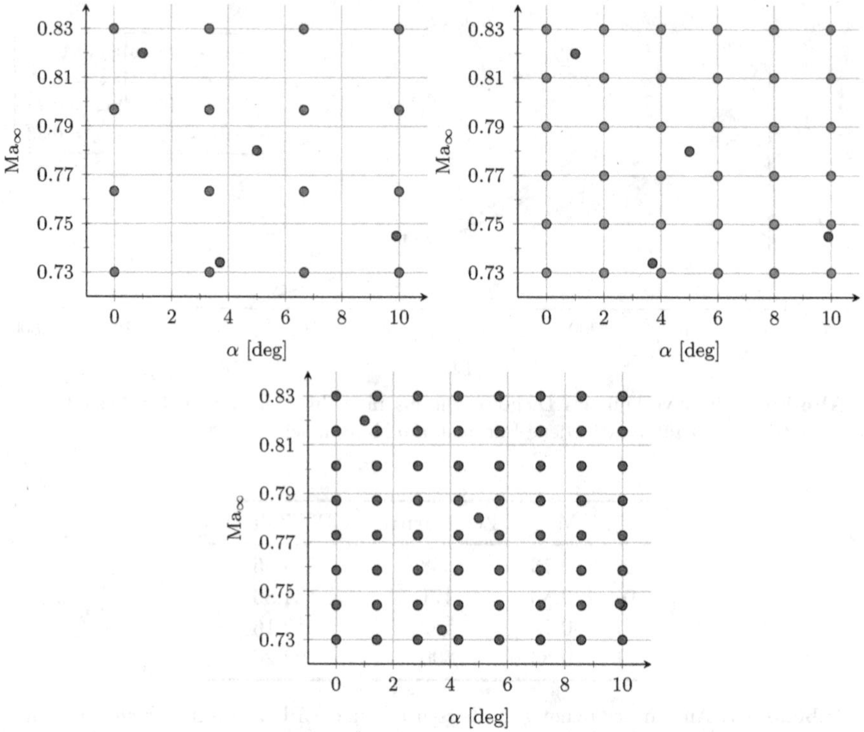


**Abbildung 9.2:** Lage der Snapshots im Parameterraum für Snapshot-Basen der Größe 16, 36 und 64, beginnend von oben links im Uhrzeigersinn.

che die Matrix zunächst auf eine Tridiagonalform reduziert und das Eigenspektrum anschließend mittels *relatively robust representations* berechnet [12].

Die Eigenwerte sind jeweils für die drei verwendeten Snapshot-Basen in Abbildung 9.3 dargestellt. In allen Fällen ist zu beobachten, dass zwei Eigenwerte deutlich größer als die übrigen sind und dass ab dem drittgrößten Eigenwert der Abfall der Größe gleichmäßiger und weniger sprunghaft erfolgt. Der jeweils kleinste Eigenwert verschwindet im Einklang mit der Aussage von Satz 5.3 im Rahmen der numerischen Genauigkeit und ist daher in der logarithmischen Auftragung nicht enthalten.

Diese Verteilung der Eigenwerte spiegelt sich auch im relativen Informationsgehalt RIC (s. Gl. (5.8)) wider, welcher auszugsweise in Tabelle 9.2 angegeben ist.

Für einen relativen Informationsgehalt von mindestens 99% genügen damit bereits die ersten 12 POD-Moden bei der Snapshotbasis der Größe 16 (entspricht 75% aller

Moden), die ersten 23 POD-Moden bei der Snapshotbasis der Größe 36 (entspricht 63.9% aller Moden) bzw. die ersten 34 POD-Moden bei der Snapshotbasis der Größe 64 (entspricht 53.1% aller Moden).

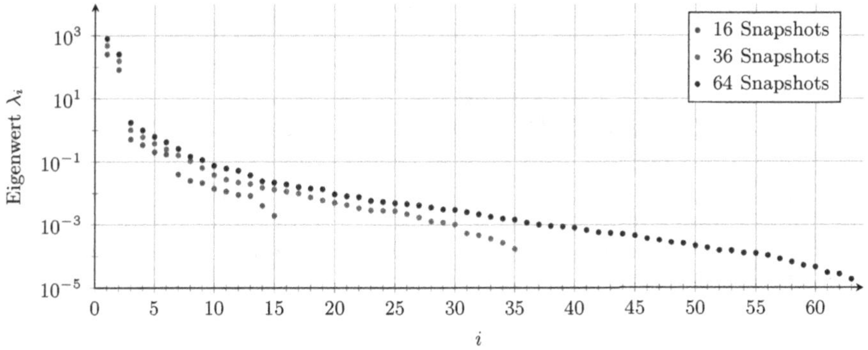


**Abbildung 9.3:** Eigenwertverteilung der Matrix $\mathbf{\Phi}^\mathsf{T}\mathbf{\Omega}\mathbf{\Phi}$ für die drei in Abbildung 9.2 dargestellten Snapshot-Basen.

| **16 Snapshots** | | | | | | | | | | |
|---|---|---|---|---|---|---|---|---|---|---|
| $\widetilde{m}$ | 1 | 2 | 3 | 4 | ··· | 11 | 12 | 13 | 14 | 15 |
| RIC | 0.5659 | 0.8877 | 0.9129 | 0.9335 | ··· | 0.9896 | 0.9930 | 0.9962 | 0.9984 | 1.0000 |
| **36 Snapshots** | | | | | | | | | | |
| $\widetilde{m}$ | 1 | 2 | 3 | 4 | ··· | 22 | 23 | ··· | 34 | 35 |
| RIC | 0.5460 | 0.8570 | 0.8819 | 0.9011 | ··· | 0.9890 | 0.9903 | ··· | 0.9997 | 1.0000 |
| **64 Snapshots** | | | | | | | | | | |
| $\widetilde{m}$ | 1 | 2 | 3 | 4 | ··· | 33 | 34 | ··· | 62 | 63 |
| RIC | 0.5372 | 0.8434 | 0.8685 | 0.8875 | ··· | 0.9895 | 0.9902 | ··· | 0.9999 | 1.0000 |

**Tabelle 9.2:** Relativer Informationsgehalt der den ersten $\widetilde{m}$ Eigenwerten entsprechenden POD-Moden.

In Abbildung 9.4 sind die den beiden größten Eigenwerten zugehörigen POD-Koeffizienten $a_1$ und $a_2$ für die Snapshot-Basis der Größe 36 veranschaulicht. Es ist zu sehen, dass $a_1$ linear in $\mathrm{Ma}_\infty$ und unabhängig von $\alpha$ ist, während $a_2$ linear in $\alpha$ und unabhängig von $\mathrm{Ma}_\infty$ ist. Dieses Verhalten der ersten beiden POD-Koeffizienten tritt auch bei den beiden anderen Snapshot-Basen der Größe 16 und 64 auf, was vermuten lässt, dass die in Abbildung 9.3 beobachtete Clusterung der beiden größten Eigenwerte mit der Anzahl der verwendeten unabhängigen Parameter (zwei) korrespondiert. Die Beschränkung auf die ersten beiden POD-Moden, d. h. die Wahl $\widetilde{m} = 2$ liefert folglich ein in den beiden Parametern $\alpha$ und $\mathrm{Ma}_\infty$ bilineares reduziertes Modell mit einem relativen Informationsgehalt von etwa 84% – 89% (vgl. Tab. 9.2).

In den Abbildungen 9.5 und 9.6 sind die Interpolationsergebnisse verschiedener

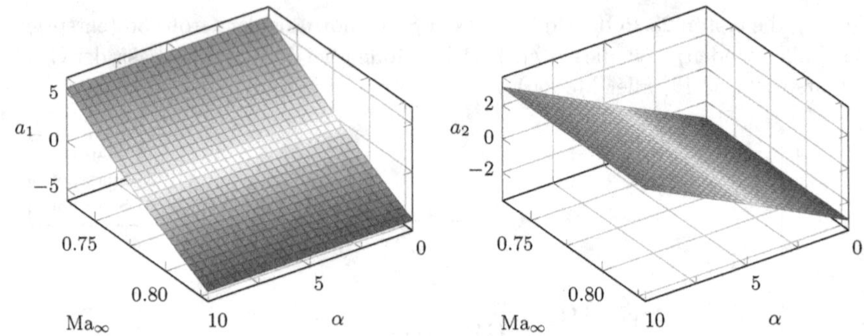


**Abbildung 9.4:** Bilineare Interpolation der POD-Koeffizienten $a_1$ und $a_2$ für eine Snapshot-Basis der Größe 36.

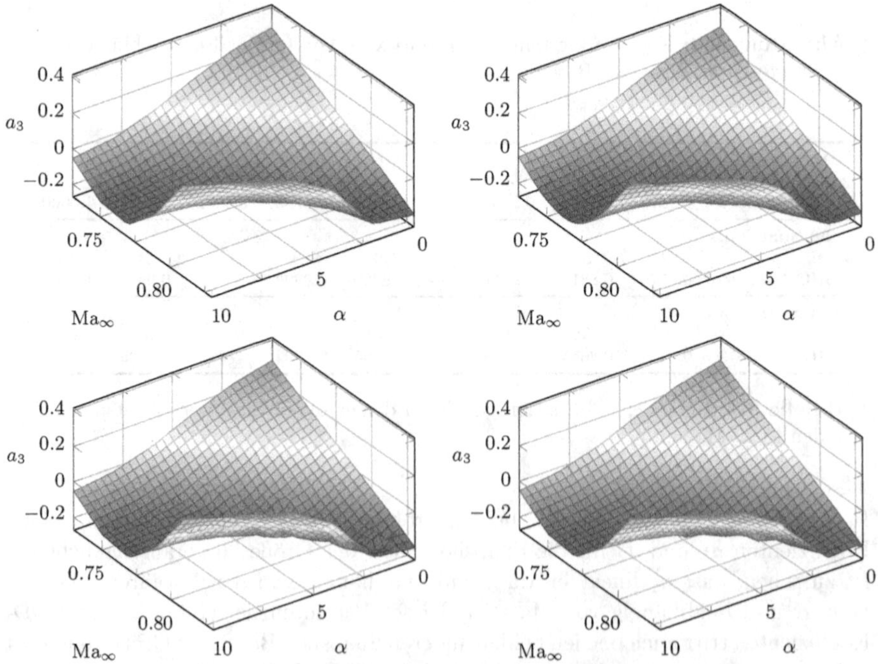


**Abbildung 9.5:** Interpolation des POD-Koeffizienten $a_3$ für eine Snapshot-Basis der Größe 36 mit bilinearer (oben links), bikubischer (oben rechts), TPS(3)- (unten links) und TPS(4)- (unten rechts) Interpolation.

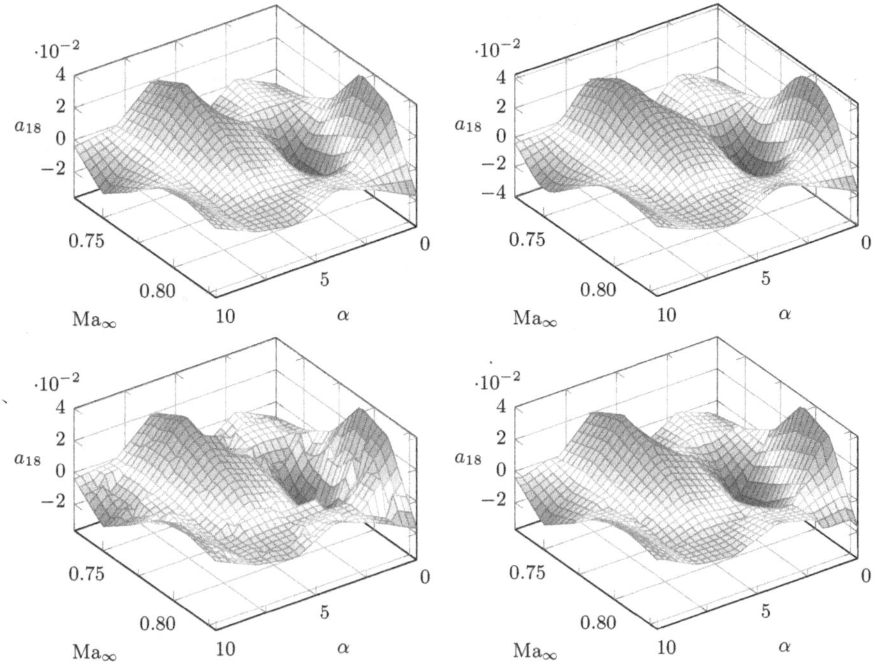


**Abbildung 9.6:** Interpolation des POD-Koeffizienten $a_{18}$ für eine Snapshot-Basis der Größe 36 mit bilinearer (oben links), bikubischer (oben rechts), TPS(3)- (unten links) und TPS(4)- (unten rechts) Interpolation.

Methoden für die exemplarisch ausgewählten POD-Koeffizienten $a_3$ resp. $a_{18}$ gegenübergestellt. Es ist zu sehen, dass die einfache lineare Abhängigkeit der ersten beiden POD-Koeffizienten bereits ab dem dritten Koeffizient verloren geht und komplexere, zunehmend unregelmäßigere Abhängigkeiten der Koeffizienten von den Parametern auftreten.

Während bilineare, bikubische und TPS(4)-Interpolation jeweils die selben vier Punkte als Interpolationsgrundlage nutzen, sind dies bei TPS(3) lediglich drei Punkte, was zu abrupten Sprüngen in der interpolierten Fläche führen kann und sich negativ auf deren Glattheit auswirkt, wenn die Auswahl der drei Punkte sich abrupt ändert. wie in Abbildung 9.6 (unten links) gut zu erkennen ist.

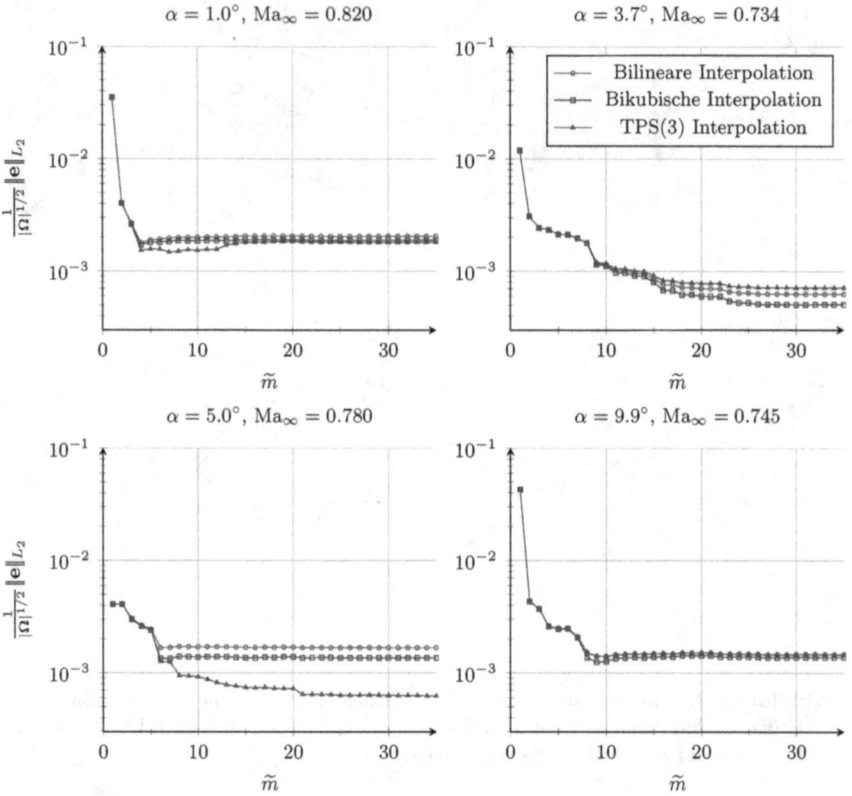


**Abbildung 9.7:** Fehler zwischen ROM- und FOM-Lösung in der $L_2$-Norm für ausgewählte Testfälle in Abhängigkeit von der Anzahl der POD-Moden $\widetilde{m}$. Es wurde die Snapshot-Basis der Größe 36 verwendet.

## 9.3 Fehler des ROM zum FOM in Abhängigkeit von der Modenanzahl

In den Abbildungen 9.7 und 9.8 ist die diskrete $L_2$-Norm des Fehlers

$$\boldsymbol{e} := \boldsymbol{u}_{\text{FOM}} - \boldsymbol{u}_{\text{ROM}}$$

zwischen der mittels Gleichung (5.13) berechneten ROM-Lösung $\boldsymbol{u}_{\text{ROM}}$ und der entsprechenden FOM-Lösung $\boldsymbol{u}_{\text{FOM}}$ in Abhängigkeit von der Anzahl der verwendeten POD-Moden für vier im Parameterraum ausgewählte Testfälle dargestellt.

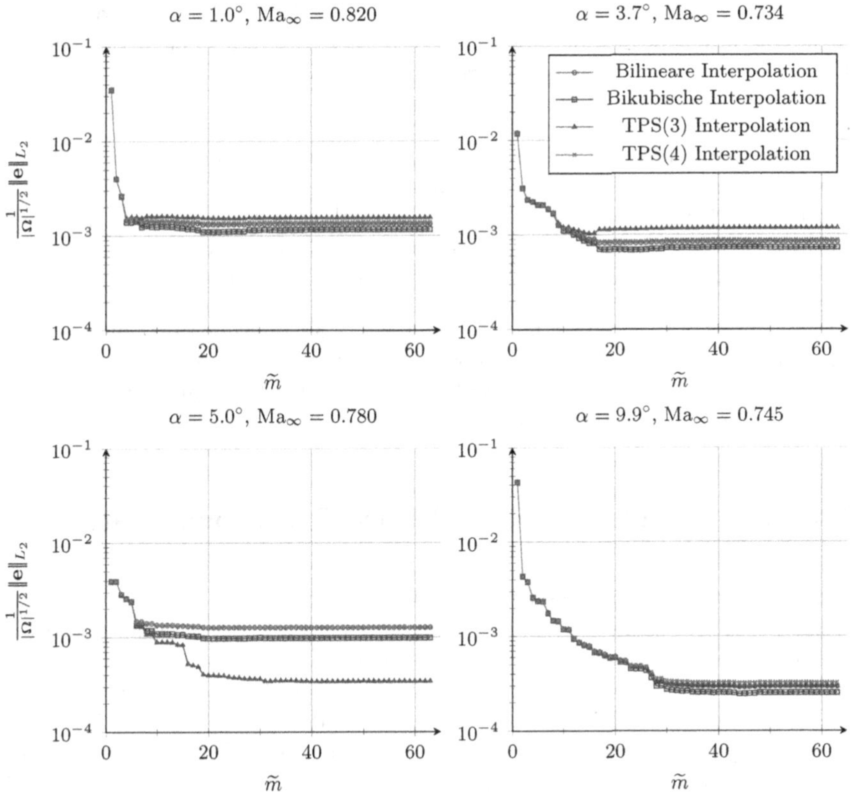


**Abbildung 9.8:** Fehler zwischen ROM- und FOM-Lösung in der $L_2$-Norm für ausgewählte Testfälle in Abhängigkeit von der Anzahl der POD-Moden $\widetilde{m}$. Es wurde die Snapshot-Basis der Größe 64 verwendet.

Es ist zu beobachten, dass der Fehler jeweils bereits bei einer deutlich geringeren als der maximal möglichen Modenanzahl minimiert wird. Bei der Verwendung der Snapshot-Basis der Größe 64 in Abbildung 9.8 etwa genügt bereits in allen vier Testfällen eine Modenanzahl von $\widetilde{m} \approx 25$ um den minimalen Fehler zu erzielen. Bei dem in Abbildung 9.7 oben links dargestellten Testfall ist der Fehler für $\widetilde{m} = 4$ minimal und steigt bei wachsender Modenanzahl sogar leicht an. Es ist zu sehen, dass eine Erhöhung der Anzahl an Snapshots den Fehler erwartungsgemäß meist verringert, lediglich der jeweils oben rechts dargestellte Testfall zeigt eine leichte Abweichung von dieser Tendenz.

Die Güte der verwendeten Interpolationsmethoden fällt in Abhängigkeit des jeweiligen Testfalls sehr unterschiedlich aus. Allgemein lässt sich beobachten, dass die bikubische bessere Ergebnisse als die bilineare Interpolation liefert, welche wiederum je nach Testfall gleichwertig bis leicht besser als die TPS(4)-Interpolation ausfällt. Diese Überlegenheit des bikubischen Interpolationsansatzes steht in Einklang mit der deutlich höheren Anzahl von Freiheitsgraden in Form der zu bestimmenden Koeffizienten des Interpolationspolynoms.

Die TPS(3)-Interpolation hingegen liefert in Abhängigkeit des jeweiligen Testfalls etwas schlechtere (oberer rechter Testfall) bis deutlich bessere Ergebnisse (unterer linker Testfall) als die übrigen Interpolationsmethoden. Da hier lediglich drei Datensätze als Interpolationsgrundlage herangezogen werden und diese somit von der der übrigen Verfahren abweicht, ist hier ein direkter Vergleich nur schwer möglich.

Zusammenfassend zeigt sich folglich die bikubische Interpolation unter Verwendung von maximal der Hälfte der verfügbaren POD-Moden für die Mehrheit der untersuchten Testfälle als am vorteilhaftesten, während in einigen Fällen jedoch TPS(3)-Interpolation die bessere Wahl sein kann.

## 9.4 Vergleich von ROM- und FOM-Druckkoeffizienten

In diesem Abschnitt betrachten wir den mittels Gleichung (8.3) berechneten Druckkoeffizient $c_p = c_p(x, y)$ entlang der Profilsehne $x \in [0, 1]$. Wir verwenden dabei die in Abschnitt 8.1 eingeführte Kurzschreibweise $c_{p,o/u}$. Es ist zu beachten, dass sich der Zweig höherer Druckkoeffizientenwerte auf die Profilunterseite bezieht, während der Zweig niedrigerer Druckkoeffizientenwerte an der Oberseite erzielt wird. Verglichen wird im Folgenden stets der Verlauf des Druckkoeffizienten für die FOM-Lösung (in allen Abbildungen grün dargestellt) mit den entsprechenden Koeffizientenverläufen für die mit unterschiedlichen Interpolationsmethoden erhaltenen ROM-Lösungen.

In Abbildung 9.9 ist für den Testfall $\alpha = 3.7°$, $\mathrm{Ma}_\infty = 0.734$ mit 36 Snapshots die Entwicklung des Druckkoeffizienten bei Reduktion der verwendeten POD-Modenanzahl dargestellt. Es ist zu erkennen, dass der an der Profiloberseite auftretende Schock in der Druckverteilung der FOM-Lösung bei etwa $x = 0.52$ bei voller Modenanzahl (RIC(35) = 1.0000) gut von den ROM-Lösungen wiedergegeben werden kann, wobei sich alle Interpolationsmethoden als annähernd gleichwertig erweisen.

Auch bei einer Reduzierung auf 25 POD-Moden (RIC(25) = 0.9930) verschlechtern sich die ROM-Lösungen nur minimal. Bei einer weiteren Reduzierung über 15 POD-Moden (RIC(15) = 0.9750) bis hin zu 3 POD-Moden (RIC(3) = 0.8819) ist deutlich zu erkennen, dass der ursprünglich recht gut aufgelöste Schock zunehmend verschmiert, wobei die Position des Schocks ($x = 0.52$) jedoch unverändert gut erhalten bleibt.

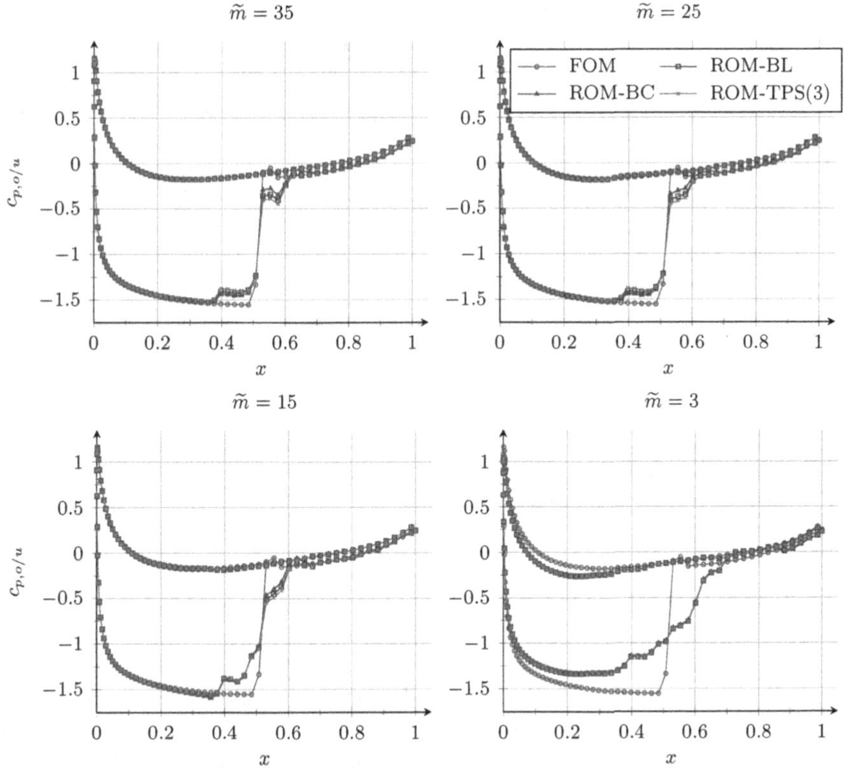


**Abbildung 9.9:** Druckkoeffizient $c_{p,o/u}$ entlang der Profilsehne für $\alpha = 3.7°$, $\mathrm{Ma}_\infty = 0.734$ und unterschiedliche Anzahlen an POD-Moden $\widetilde{m}$ bei 36 Snapshots. Verglichen wird die FOM-Referenzlösung (grün) mit ROM-Lösungen unter Verwendung unterschiedlicher Interpolationsmethoden.

In Abbildung 9.10 sind für den Testfall $\alpha = 5.0°$, $\mathrm{Ma}_\infty = 0.780$ die Druckkoeffizienten der ROM-Lösungen für verschiedene Anzahlen von Snapshots bei jeweils voller Modenanzahl verglichen. Auch bei der Verwendung der kleinsten getesteten Snapshot-Basis mit $m = 16$ ist die Position des Schocks von etwa $x = 0.78$ gut wiedergegeben. Der Schock ist allerdings schlecht aufgelöst und wird bei bilinearer und bikubischer Interpolation in Form dreier und bei TPS(3)-Interpolation in Form zweier kleinerer Schocks umgesetzt. Bei der bikubischen Interpolation ist zudem ein leichter Überschwinger des Druckkoeffizienten unmittelbar vor dem Schock erkennbar. Der Druckkoeffizient der FOM-Lösung wird an der gesamten Profilunterseite sowie am schockfreien Teil der Profiloberseite bereits für diese relativ geringe Anzahl an Snapshots sehr gut wiedergegeben,

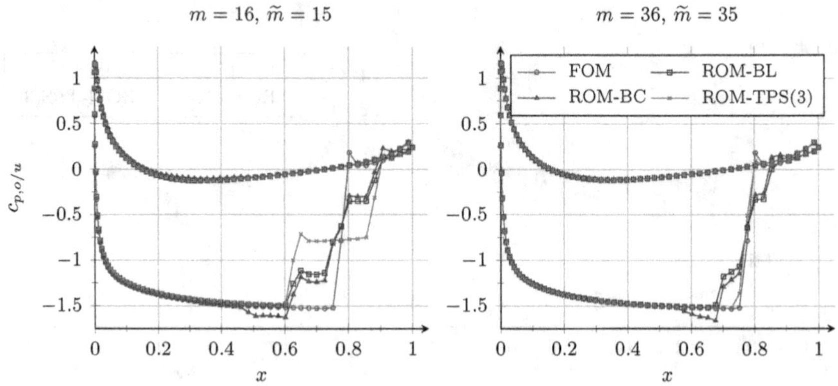


**Abbildung 9.10:** Druckkoeffizient $c_{p,o/u}$ entlang der Profilsehne für $\alpha = 5.0°$, $\mathrm{Ma}_\infty = 0.780$ bei 16 resp. 36 Snapshots und jeweils voller Modenanzahl. Verglichen wird die FOM-Referenzlösung (grün) mit ROM-Lösungen unter Verwendung unterschiedlicher Interpolationsmethoden.

Eine Erhöhung der Snapshot-Anzahl auf $m = 36$ führt hier zu einer deutlichen Verbesserung bei der Auflösung des Schocks. Während dieser bei bilinearer und bikubischer Interpolation weiterhin leicht verschmiert ist, zeigt sich hier die TPS(3)-Interpolation bei der Schockwiedergabe als auffällig exakt, was in Einklang mit dem in Abbildung 9.7 (unten links) dargestellten Fehler zwischen FOM- und ROM-TPS(3)-Lösung für diesen Testfall steht und wie zuvor bereits erläutert in der hier offenbar günstigeren Auswahl von lediglich drei statt vier Datensätzen als Interpolationsgrundlage begründet ist.

Bei dem in Abbildung 9.11 dargestellten Testfall $\alpha = 1.0°$, $\mathrm{Ma}_\infty = 0.820$ tritt neben dem Schock an der Profiloberseite bei etwa $x = 0.71$ auf Grund der erhöhten Mach-Zahl ein zusätzlicher zweiter etwas kleinerer Schock an der Profilunterseite bei etwa $x = 0.46$ auf. Das Auftreten dieses zweiten Schocks ist typisch für das Erreichen des sogenannten *transsonic range*, des Bereichs hoher Unterschallgeschwindigkeiten ab ca. $\mathrm{Ma}_\infty > 0.79$. Während der Druckkoeffizient der ROM-Lösungen in den schockfernen Bereichen im linken Profilbereich für beide Snapshot-Anzahlen sehr gut mit den entsprechenden Koeffizienten der FOM-Lösung übereinstimmt und auch die Position des oberen Schocks abermals gut wiedergegeben wird, bereiten die Wiedergabe sowohl der Position als auch der Auflösung des unteren Schocks bei beiden Snapshot-Anzahlen große Probleme. Es ist zu beobachten, dass der obere Schock wie schon beim in Abbildung 9.10 dargestellten Testfall durch mehrere kleinere Schocks aufgelöst wird (bei ROM-BL und ROM-BC sind dies vier, bei ROM-TPS(3) lediglich zwei). Zudem scheint sich die Anwesenheit des unteren Schocks auch auf die Auflösung des oberen Schocks im Vergleich zu den vorigen Testfällen nega-

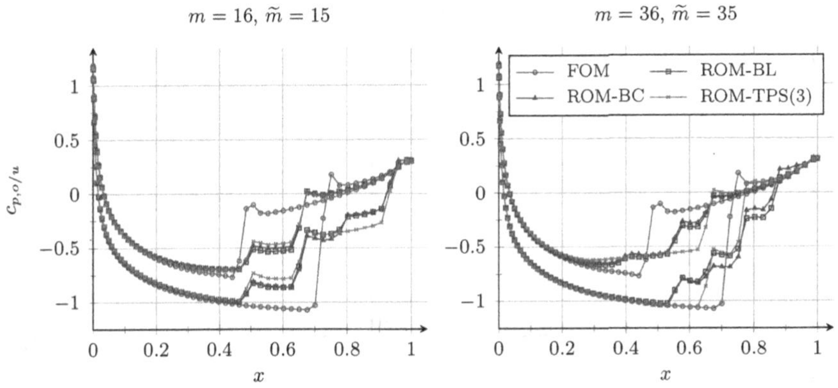


**Abbildung 9.11:** Druckkoeffizient $c_{p,o/u}$ entlang der Profilsehne für $\alpha = 1.0°$, $Ma_\infty = 0.820$ bei 16 resp. 36 Snapshots und jeweils voller Modenanzahl. Verglichen wird die FOM-Referenzlösung (grün) mit ROM-Lösungen unter Verwendung unterschiedlicher Interpolationsmethoden.

tiv auszuwirken, sodass im Falle hoher Mach-Zahlen (*transsonic range*) die ROM-Approximation für alle verwendeten Interpolationsmethoden schlecht ausfällt.

## 9.5 2D-Druckverteilungen

In Abbildung 9.12 werden die ROM-Druckverteilungen des Testfalls $\alpha = 5.0°$, $Ma_\infty = 0.780$ für eine unterschiedliche Anzahl an Snapshots mit jeweils voller POD-Modenanzahl mit der Druckverteilung der FOM-Lösung verglichen. Während für $m = 16$ noch deutliche Abweichungen zur FOM-Lösung hinsichtlich der Auflösung des Schocks bestehen, liefert das ROM in Verbindung mit der hier dargestellten TPS(3)-Interpolation bereits für $m = 36$ sehr gute Ergebnisse.

Für den in Abbildung 9.13 dargestellten transsonischen Testfall $\alpha = 1.0°$, $Ma_\infty = 0.820$ jedoch liefert das ROM für alle getesteten Snapshot-Basen weit weniger überzeugende Ergebnisse. Wie bereits im letzten Abschnitt festgestellt, beeinflusst das Auftreten des zweiten Schocks auch die korrekte Darstellung des ersten Schocks, der bei alleinigem Auftreten sehr gut vom ROM wiedergegeben wird, in negativer Weise. Auch bei der höchsten in dieser Arbeit verwendeten Snapshot-Anzahl von $m = 64$ kann der untere Schock vom ROM nicht zufriedenstellend dargestellt werden. Von den direkten Schockbereichen abgesehen liefert das ROM in diesem Testfall jedoch auch bei kleiner Snapshot-Anzahl akzeptable Ergebnisse.

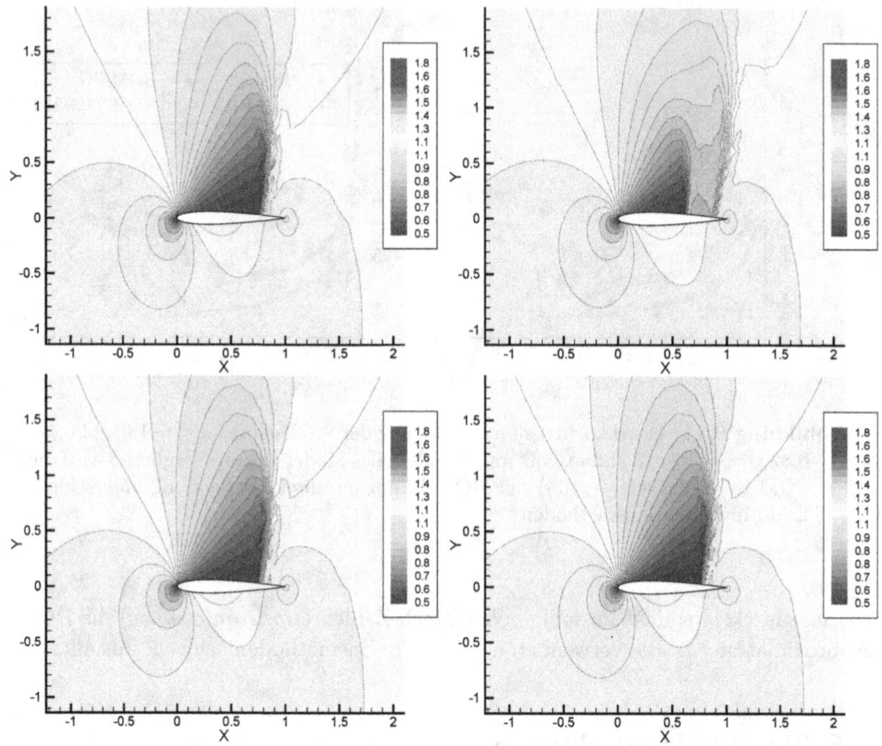


**Abbildung 9.12:** Druckverteilung um das NACA0012 Tragflächenprofil für den Testfall $\alpha = 5.0°$, $\mathrm{Ma}_\infty = 0.780$ für verschiedene Anzahlen an Snapshots $m$ und jeweils volle POD-Modenanzahl. Oben links: FOM, oben rechts: ROM-TPS(3) $m = 16$, unten links: ROM-TPS(3) $m = 36$, unten rechts: ROM-TPS(3) $m = 64$.

## 9.6 Laufzeitvergleich zwischen FOM und ROM

In Tabelle 9.3 ist die zur Berechnung von FOM-Lösungen für die vier betrachteten Testfälle benötigte CPU-Zeit dargestellt. Dem gegenüber hat die einmalig notwendige Erstellung des ROM, d. h. die Berechnung der POD-Moden und POD-Koeffizienten der Snapshots eine Laufzeit von 0.136 s (16 Snapshots), 0.767 s (36 Snapshots) bzw. 2.446 s (64 Snapshots). Die Berechnung einer ROM-Lösung bei jeweils voller Modenanzahl dauert gemittelt über die verwendeten Interpolationsmethoden 0.005 s (16 Snapshots), 0.012 s (36 Snapshots) bzw. 0.024 s (64 Snapshots). Alle angegebenen Werte wurden als Mittelung von zehn Durchläufen berechnet.

Sind die Snapshot-Basis und die POD-Moden einmal berechnet, zeigt sich die enorme Effizienz des ROM hinsichtlich der Laufzeit. Eine ROM-Lösung für die betrach-

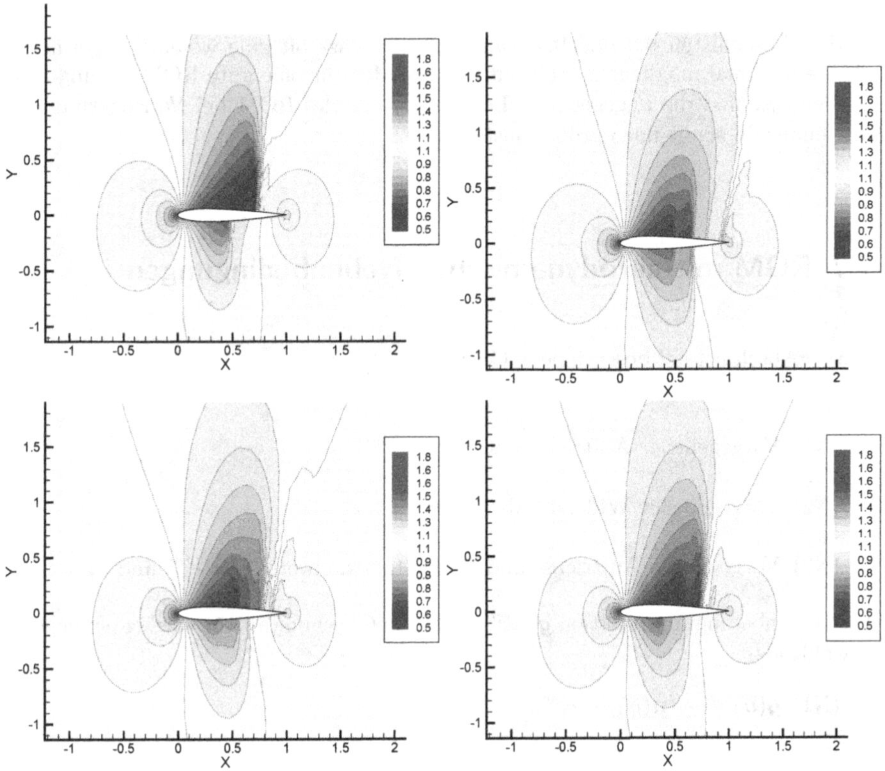


**Abbildung 9.13:** Druckverteilung um das NACA0012 Tragflächenprofil für den Testfall $\alpha = 1.0°$, $Ma_\infty = 0.820$ für verschiedene Anzahlen an Snapshots $m$ und jeweils volle POD-Modenanzahl. Oben links: FOM, oben rechts: ROM-BC $m = 16$, unten links: ROM-BC $m = 36$, unten rechts: ROM-BC $m = 64$.

| $\alpha$ [°] | $Ma_\infty$ | FOM CPU-Zeit [s] |
|---|---|---|
| 1.0 | 0.820 | 207.297 |
| 3.7 | 0.734 | 191.905 |
| 5.0 | 0.780 | 212.759 |
| 9.9 | 0.745 | 243.347 |

**Tabelle 9.3:** CPU-Zeit zur Berechnung von FOM-Lösungen für ausgewählte Parameterkombinationen.

teten obigen Testfälle kann dann unter Verwendung der jeweils vollen Modenanzahl etwa 38 000 – 48 000 (16 Snapshots), 17 000 – 20 000 (36 Snapshots) bzw. 8 000 – 10 000 (64 Snapshots) mal schneller als die entsprechende FOM-Lösung bestimmt werden.

In den Abschnitten 9.3 und 9.4 wurde gezeigt, dass oft eine wesentlich geringere als die maximal mögliche Anzahl an POD-Moden für eine gute ROM-Lösung ausreichend ist und die angegebenen Laufzeitvorteile des ROM bei Verringerung der Modenanzahl somit noch größer ausfallen.

## 9.7 ROM mit aerodynamischen Nebenbedingungen

Das in Abschnitt 5.2 beschriebene C-LSQ-ROM-Verfahren wurde für die folgenden Nebenbedingungen getestet:

(N1) Vorgegebener Auftriebsbeiwert $c_l \stackrel{!}{=} c_l^{\text{tar}}$,

(N2) Vorgegebener Widerstandsbeiwert $c_d \stackrel{!}{=} c_d^{\text{tar}}$,

(N3) Vorgegebene Auftriebs- und Widerstandsbeiwerte $c_l \stackrel{!}{=} c_l^{\text{tar}}$ und $c_d \stackrel{!}{=} c_d^{\text{tar}}$.

Die Nebenbedingungsfunktion $\boldsymbol{g}\colon \mathbb{R}^{\widetilde{m}} \to \mathbb{R}^{n_c}$ in Gleichung (5.15) wird entsprechend gewählt als

(N1) $\boldsymbol{g}(\boldsymbol{a}) := c_l(\boldsymbol{u}(\boldsymbol{a})) - c_l^{\text{tar}}$,

(N2) $\boldsymbol{g}(\boldsymbol{a}) := c_d(\boldsymbol{u}(\boldsymbol{a})) - c_d^{\text{tar}}$,

(N3) $\boldsymbol{g}(\boldsymbol{a}) := \left[c_l(\boldsymbol{u}(\boldsymbol{a})) - c_l^{\text{tar}}, c_d(\boldsymbol{u}(\boldsymbol{a})) - c_d^{\text{tar}}\right]^{\mathsf{T}}$,

wobei $c_l$ und $c_d$ gemäß (8.4) resp. (8.5) gegeben sind und auf die in Abschnitt 8.2 beschriebene Art berechnet werden. $\boldsymbol{u}(\boldsymbol{a})$ wird mittels der ersten $\widetilde{m}$ POD-Moden nach Gleichung (5.14) bestimmt.

Als Testfälle wurden $\alpha = 3.7°$, $\text{Ma}_\infty = 0.734$ und $\alpha = 1.0°$, $\text{Ma}_\infty = 0.820$ gewählt. Die je nach Nebenbedingung festzusetzenden Auftriebs- und Widerstandsbeiwerte $c_l^{\text{tar}}$, $c_d^{\text{tar}}$ wurden anhand einer FOM-Referenzlösung für die vorgegebenen Testparameter ermittelt.

Als Abbruchbedingung setzen wir einerseits eine maximale Iterationszahl $k_{\max}$ fest und wählen zusätzlich für ein $\varepsilon > 0$ das folgende Kriterium:

$$\|\boldsymbol{d}^{(k)}\|_2 \leqslant \varepsilon(\|\boldsymbol{a}^{(k)}\|_2 + \varepsilon). \tag{9.3}$$

Bei allen durchgeführten Berechnungen wurde $\delta = \varepsilon = 10^{-6}$ verwendet, wobei $\delta$ sich auf die Approximation der Jacobi-Matrizen von $\boldsymbol{f}$ und $\boldsymbol{g}$ mittels finiter Differenzen in den Gleichungen (5.39) resp. (5.40) bezieht. Des Weiteren wurde eine konstante Schrittweite von $s = 1$ gewählt.

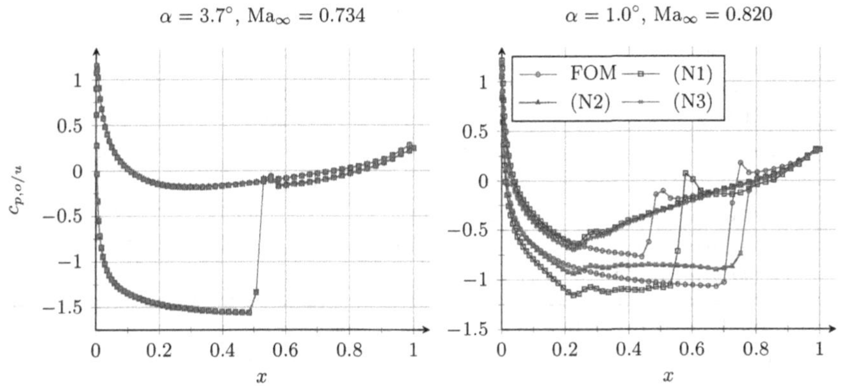


**Abbildung 9.14:** Druckkoeffizient $c_{p,o/u}$ für zwei verschiedene Tesfälle bei 36 Snapshots und voller POD-Modenanzahl. Verglichen wird die FOM-Referenzlösung (grün) mit C-LSQ-ROM-Lösungen unter Verwendung unterschiedlicher Nebenbedingungen.

Als Startwert $\boldsymbol{a}^{(0)} \in \mathbb{R}^{\widetilde{m}}$ wählen wir den durch Lemma 5.5 gegebenen POD-Koeffizientenvektor desjenigen Snapshots, der den Testparametern im Parameterraum am nächsten liegt, wobei für die Abstandsmessung die in Gleichung (6.7) angegebene Metrik genutzt wird.

Für die hier dokumentierten Rechnungen wurde eine Snapshot-Basis der Größe $m = 36$ (s. Abb. 9.2, oben rechts) sowie eine maximale Anzahl an POD-Moden von $\widetilde{m} = 35$ gewählt.

In Abbildung 9.14 werden die mittels C-LSQ-ROM bestimmten Druckkoeffizienten für zwei ausgewählte Testfälle mit denen des FOM verglichen. Für den Testfall $\alpha = 3.7°$, $\mathrm{Ma}_\infty = 0.734$ im linken Teil der Abbildung ist eine sehr gute Übereinstimmung der C-LSQ-Druckkoeffizienten für alle drei Nebenbedingungen mit den Druckkoeffizienten der FOM-Referenzlösung zu beobachten. Zum Erreichen der Abbruchbedingung (9.3) waren im Fall von (N1) bzw. (N2) sechs bzw. fünf Iterationen nötig (vgl. Tab. 9.4). Unter der Nebenbedingung (N3) konnte die Abbruchbedingung nicht erfüllt werden und das Verfahren wurde nach einer maximalen Iterationszahl von $k_{\max} = 8$ beendet. Bei den Nebenbedingungen (N1) und (N2) liegt auch der jeweils nicht festgesetzte Beiwert mit einer relativen Abweichung von weniger als 2% sehr dicht am entsprechenden Beiwert der Referenzlösung. Auch die gesamte C-LSQ-ROM-Druckverteilung um das Tragflächenprofil weißt, wie in Abbildung 9.15 zu sehen, bei allen Nebenbedingungen eine sehr hohe Übereinstimmung mit der FOM-Druckverteilung auf.

| **C-LSQ-ROM:** $\alpha = 3.7°$, $\mathbf{Ma}_\infty = 0.734$, $k_{\max} = 8$ | | | |
|---|---|---|---|
| Nebenbedingung | (N1) | (N2) | (N3) |
| Schritte | 6 | 5 | 8 |
| CPU-Zeit $[s]$ | 8.79 | 7.46 | 12.13 |
| Auswertungen von $\boldsymbol{f}$ | 216 | 180 | 288 |
| Optimiertes Residuum | 0.1035 | 0.0829 | 0.1070 |
| $c_l$ (relativer Fehler) | 0.7292 (0.00%) | 0.7438 (1.99%) | 0.7293 (0.00%) |
| $c_d$ (relativer Fehler) | 0.0332 (1.42%) | 0.0337 (0.00%) | 0.0337 (0.00%) |
| Fehler zum FOM | $1.54 \cdot 10^{-4}$ | $6.81 \cdot 10^{-4}$ | $3.13 \cdot 10^{-4}$ |

| **C-LSQ-ROM:** $\alpha = 1.0°$, $\mathbf{Ma}_\infty = 0.820$, $k_{\max} = 18$ | | | |
|---|---|---|---|
| Nebenbedingung | (N1) | (N2) | (N3) |
| Schritte | 11 | 18 | 18 |
| CPU-Zeit $[s]$ | 16.22 | 26.26 | 25.52 |
| Auswertungen von $\boldsymbol{f}$ | 396 | 648 | 648 |
| Optimiertes Residuum | 0.5395 | 0.4368 | 0.4389 |
| $c_l$ (relativer Fehler) | 0.3320 (0.00%) | 0.3485 (4.94%) | 0.3320 (0.00%) |
| $c_d$ (relativer Fehler) | 0.0103 (58.57%) | 0.0248 (0.00%) | 0.0248 (0.00%) |
| Fehler zum FOM | $4.63 \cdot 10^{-3}$ | $1.88 \cdot 10^{-3}$ | $2.00 \cdot 10^{-3}$ |

**Tabelle 9.4:** Vergleich des C-LSQ-ROM-Verfahrens für verschiedene Nebenbedingungen und Testfälle. Angegeben sind die Anzahl der benötigten Verfahrensschritte und die insgesamt benötigten Auswertungen der numerischen Flussfunktion $\boldsymbol{f}$, der Wert des optimierten Residuums $\|\boldsymbol{\Omega}^{-1}\boldsymbol{f}(\boldsymbol{a})\|_{L_2}$, die erzielten Auftriebs- und Widerstandsbeiwerte inklusive der relativen Abweichung von den Referenzwerten der FOM-Lösung sowie der Fehler $\frac{1}{|\Omega|^{1/2}}\|\boldsymbol{u}_{\mathrm{ROM}} - \boldsymbol{u}_{\mathrm{FOM}}\|_{L_2}$ zur FOM-Lösung.

Für den zweiten betrachteten Testfall $\alpha = 1.0°$, $\mathrm{Ma}_\infty = 0.820$ fallen die Ergebnisse des C-LSQ-ROM-Verfahrens jedoch weit weniger überzeugend aus, wie bereits an den in Abbildung 9.14 (rechts) dargestellten Druckkoeffizienten zu erkennen ist. Besonders bei Verwendung der Nebenbedingung (N1) kann vor allem die Position des Schocks an der Profiloberseite nicht korrekt wiedergegeben werden. Die Festsetzung des Widerstandsbeiwertes bei (N2) und (N3) liefert etwas bessere Ergebnisse, wenn auch hier die Position des Schocks nicht exakt wiedergegeben werden kann. Der Schock an der Profilunterseite kann bei keiner der verwendeten Nebenbedingungen reproduziert werden, sondern wird durch einen kontinuierlichen Übergang ersetzt. Die in Abbildung 9.16 dargestellten vollständigen C-LSQ-ROM-Druckverteilungen um das Tragflächenprofil zeigen, dass unter Verwendung der Nebenbedingungen (N2) und (N3) die FOM-Referenzverteilung abgesehen von der inkorrekten Schockwiedergabe jedoch recht gut wiedergegeben werden kann. Die beobachtete schlechte Qualität der C-LSQ-ROM-Lösung im Fall (N1) steht in Einklang mit einer sehr hohen relativen Abweichung des Widerstandsbeiwertes dieser Lösung zur Referenzlösung von etwa 60% (vgl. Tab. 9.4).

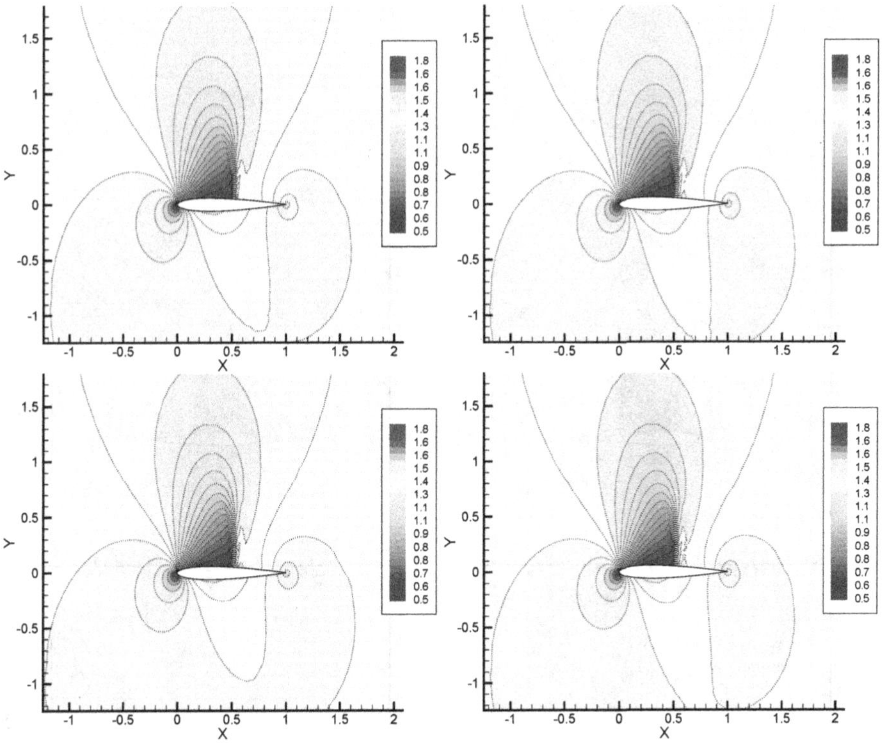


**Abbildung 9.15:** Druckverteilung um das NACA0012-Tragflächenprofil für den Testfall $\alpha = 3.7°$, $Ma_\infty = 0.734$ mit einer Snapshots-Basis der Größe 36 und voller POD-Modenanzahl. Oben links: FOM, oben rechts: C-LSQ-ROM (N1), unten links: C-LSQ-ROM (N2), unten rechts: C-LSQ-ROM (N3).

Hinsichtlich der von C-LSQ-ROM benötigten, in Tabelle 9.4 angegebenen Laufzeit ist jeweils unter Einhaltung der Nebenbedingung (N3) für den Testfall $\alpha = 3.7°$, $Ma_\infty = 0.734$ eine Beschleunigung um einen Faktor 15.8, sowie im Testfall $\alpha = 1.0°$, $Ma_\infty = 0.820$ eine Beschleunigung um einen Faktor 8.1 im Vergleich zum FOM ersichtlich.

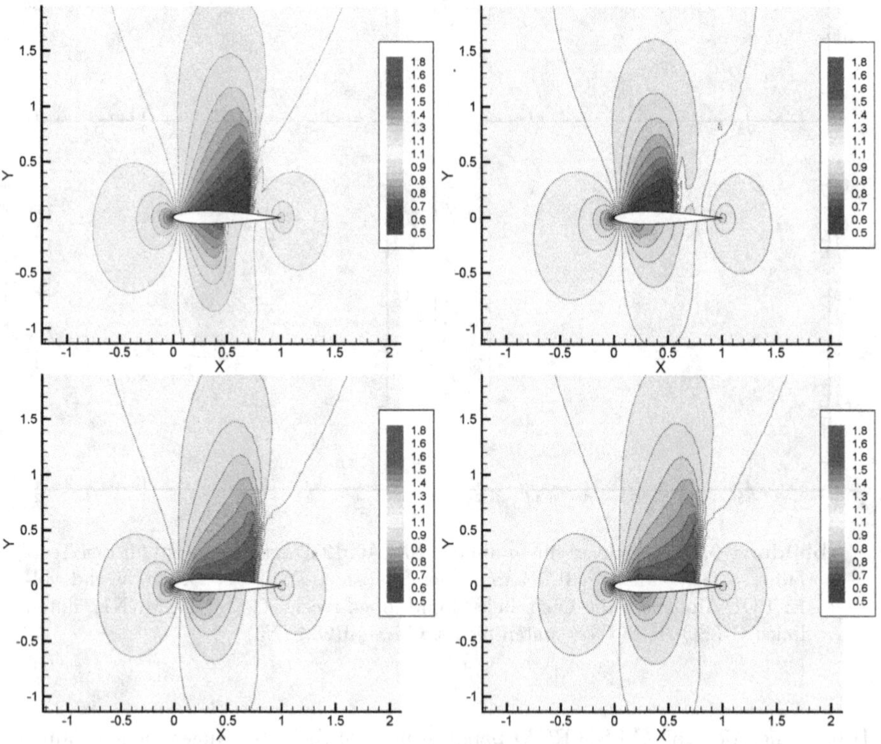


**Abbildung 9.16:** Druckverteilung um das NACA0012 Tragflächenprofil für den Testfall $\alpha = 1.0°$, $\mathrm{Ma}_\infty = 0.820$ mit einer Snapshots-Basis der Größe 36 und voller POD-Modenanzahl. Oben links: FOM, oben rechts: C-LSQ-ROM (N1), unten links: C-LSQ-ROM (N2), unten rechts: C-LSQ-ROM (N3).

# 10 Zusammenfassung und Ausblick

In dieser Arbeit wurde ein POD-ROM-Verfahren (*Reduced-Order Modeling* via *Proper Orthogonal Decomposition*) zur effizienten numerischen Lösung eines stationären parameterabhängigen Strömungsproblems angewendet. Konkret wurde die vom Anstellwinkel und der Mach-Zahl abhängige zweidimensionale Umströmung eines NACA0012-Tragflächenprofils ausgehend von einer Finite-Volumen-Diskretisierung berechnet und mit FOM-Referenzlösungen (*Full-Order Model*) verglichen, welche durch ein in einem Code der Arbeitsgruppe *Analysis und Angewandte Mathematik* an der Universität Kassel umgesetztes implizites Pseudozeitintegrationsverfahren bestimmt wurden. Für die im Rahmen der Berechnung einer ROM-Lösung notwendige Interpolation der POD-Koeffizienten wurden drei verschiedene multivariate Interpolationsmethoden verwendet.

Außerdem wurde das von Zimmermann et al. [24] entwickelte C-LSQ-ROM-Verfahren beschrieben und implementiert, welches bei der Bestimmung einer ROM-Lösung zusätzlich die Berücksichtigung aerodynamischer Nebenbedingungen, etwa in Form vorgegebener Auftriebs- oder Widerstandsbeiwerte ermöglicht.

Die in Kapitel 9 festgehaltenen Ergebnisse der numerischen Berechnungen für verschiedene ausgewählte Testfälle ergeben, dass die Verwendung der maximal möglichen Anzahl an POD-Moden im Vergleich zu einer geringeren Anzahl die Qualität der ROM-Lösung nur unwesentlich bis gar nicht verbessert. Die in Abschnitt 9.3 dargestellten Abweichungen der ROM- zur FOM-Lösung legen nahe, dass je nach Testfall die Verwendung von bereits etwa 50% – 60% der POD-Moden für die bestmögliche Approximation ausreichend ist und selbst bei einer geringeren Anzahl an POD-Moden immer noch akzeptable Ergebnisse erzielt werden können. Die Qualität der verwendeten Interpolationsmethoden fällt je nach Testfall unterschiedlich aus. Während bikubische Interpolation (BC) auf Grund der höheren Anzahl an Freiheitsgraden durchgängig leicht bessere Ergebnisse als bilineare Interpolation (BL) liefert, ist die TPS(3)-Interpolation diesen Methoden gegenüber je nach Testfall deutlich überlegen, bis leicht unterlegen. Dies ist auf die Auswahl von lediglich drei Datensätzen als Interpolationsgrundlage bei TPS(3) im Gegensatz zu vier Datensätzen bei BL / BC zurückzuführen.

In Abschnitt 9.4 wurde anhand der Druckkoeffizienten an der Tragflächenoberfläche die Fähigkeit des ROM zur Wiedergabe von auftretenden Schocks untersucht. Im unteren subsonischen Bereich, d. h. beim Auftreten lediglich eines einzigen Schocks an der Tragflächenoberseite zeigt sich das ROM sowohl bei der Wiedergabe der Schockposition als auch der Auflösung des Schocks auch für geringere als die maximal mögliche POD-Modenanzahl sehr leistungsstark. Im transsonischen Bereich, d. h. beim Auftreten eines zweiten zusätzlichen Schocks an der Tragflächenunterseite hingegen können beide Schocks auch bei einer Erhöhung der Snapshot-Anzahl vom ROM nur schlecht wiedergegeben werden. Während der erste Schock nur noch in Form mehrerer kleinerer Schocks aufgelöst werden kann, sind besonders Position und Auflösung des zweiten Schocks unbefriedigend.

Das C-LSQ-ROM-Verfahren liefert für den betrachteten Testfall im unteren subsonischen Bereich bei allen verwendeten Nebenbedingungen hervorragende Ergebnisse und eine zum FOM beinahe identische Lösung, was sowohl durch den Verlauf des Druckkoeffizienten auf der Tragflächenoberfläche als auch die gesamte Druckverteilung um das Tragflächenprofil bekräftigt wird. Für den betrachteten transsonischen Testfall hat jedoch auch C-LSQ-ROM, besonders unter der Nebenbedingung eines festgesetzten Auftriebsbeiwertes, Probleme, die beiden auftretenden Schocks darzustellen. Abgesehen von der Schockwiedergabe kann die Druckverteilung aber auch in diesem Testfall gut wiedergegeben werden.

Bei den numerischen Rechnungen zeigten sich die angestrebten Laufzeitvorteile des ROM gegenüber dem FOM sehr deutlich. Das in dieser Arbeit verwendete POD-ROM-Verfahren benötigte zur Berechnung einer stationären Strömungslösung nur etwa 0.002% – 0.013% der Laufzeit des FOM-Lösers. Die Laufzeiten von C-LSQ-ROM lagen je nach Testfall bei etwa 4.9% bzw. 10.9% der entsprechenden FOM-Laufzeit. Nicht unterschlagen werden darf natürlich die hohe zur Erstellung der Snapshot-Basis notwendige Laufzeit, auf Grund derer der Einsatz der vorgestellten ROM-Verfahren wie eingangs erläutert nur dann sinnvoll ist, wenn viele Strömungslösungen für eine hohe Anzahl verschiedener Parameterwerte gefragt sind.

In einem solchen Fall jedoch haben sich die in dieser Arbeit verwendeten ROM-Verfahren gemessen an den erklärten Zielen – der starken Laufzeitbeschleunigung gegenüber dem ursprünglichen Modell und der Erhaltung grundlegender Systemeigenschaften – zusammenfassend betrachtet somit als sehr effizient erwiesen.

Die den Snapshots zugeordneten Parameter wurden in der vorliegenden Arbeit willkürlich in Form eines Rechteckgitters im Parameterraum ausgewählt (s. Abb. 9.2). Zwar zeigte sich, dass die Verwendung einer höheren Anzahl an Snapshots zu leicht verbesserten Ergebnissen und etwas geringeren Abweichungen zur FOM-Lösung (vgl. Abschn. 9.3–9.5) führt, jedoch wurde eine hinsichtlich der Quailität der ROM-Lösung möglicherweise günstigere Verteilung einer festen Anzahl von Snapshots im Parameterraum nicht untersucht. Eine interessante an diese Arbeit anschließende Fragestellung stellt daher die Entwicklung bzw. Anwendung einer Methode zur effizienten Auswahl dieser Snapshots dar. In diesem

Zusammenhang scheint vor allem die Erweiterung des in dieser Arbeit betrachteten POD-ROM-Verfahrens um die sogenannte *greedy sampling method* [6, 20] Erfolg versprechend, mit der neue Snapshots adaptiv ausgewählt werden. Mit Hilfe eines Fehlerschätzers für das ROM wird hierbei die Position im Parameterraum des maximalen Fehlers des aus den bisherigen Snapshots aufgebauten ROM bestimmt. An dieser Position wird eine zusätzliche Snapshot-Lösung des FOM berechnet, um welche das ROM ergänzt und damit verbessert wird. Auf diese Weise kann eine adaptive Snapshot-Basis erstellt werden, welche durch die bestmögliche Auswahl der Snapshot-Positionen zu einer geringeren Anzahl notwendiger Snapshots und damit einer weiteren Beschleunigung des Verfahrens führen könnte.

# Erratum zu: Ein POD-ROM-Verfahren für stationäre Strömungsprobleme

**Erratum zu:**
**S. Trübelhorn, *Ein POD-ROM-Verfahren für stationäre Strömungsprobleme*, BestMasters, https://doi.org/10.1007/978-3-658-13315-3**

In der ursprünglich veröffentlichten Fassung dieses Buchs wurde die private Affiliation von Autor Sascha Trübelhorn fälschlicherweise veroeffentlicht. Die private Affiliation wurde jetzt aus dem Springer-Link entfernt.

---

Die aktualisierte Originalversion finden Sie unter
https://doi.org/10.1007/978-3-658-13315-3



S. Trübelhorn, *Ein POD-ROM-Verfahren für stationäre Strömungsprobleme*,
BestMasters, https://doi.org/10.1007/978-3-658-13315-3_11

# Literaturverzeichnis


[1] John D. Anderson: *Computational Fluid Dynamics.* McGraw-Hill, 1995. ISBN: 0-07-001685-2.

[2] John D. Anderson: *Fundamentals of Aerodynamics.* 3. Auflage. McGraw-Hill, 2001. ISBN: 0-07-237335-0.

[3] Timothy J. Barth und Dennis C. Jespersen: „The design and application of upwind schemes on unstructured meshes“. *AIAA Paper* Vol. **89**, No. 0366 (1989).

[4] Philipp Birken: „Numerical Methods for the Unsteady Compressible Navier-Stokes Equations“. Habilitationsschrift. Universität Kassel, 2012.

[5] Philipp Birken u. a.: „Preconditioner updates applied to CFD model problems“. *APNUM* Vol. **58**, No. 11 (2008), S. 1628–1641. DOI: `10.1016/j.apnum.2007.10.001`.

[6] T. Bui-Thanh, K. Willcox und O. Ghattas: „Model Reduction for Large-Scale Systems with High-Dimensional Parametric Input Space“. *SIAM J. Sci. Comput.* Vol. **30**, No. 6 (2008), S. 3270–3288. DOI: `10.1137/070694855`.

[7] Jean Duchon: „Splines minimizing rotation-invariant seminorms in Sobolev spaces“. *Constructive Theory of Functions of Several Variables, Lecture Notes in Mathematics 571.* Hrsg. von Walter Schempp und Karl Zeller. Springer Verlag (Berlin, Heidelberg, New York), 1977, S. 85–100. ISBN: 3-540-08069-4.

[8] Mårten Gulliksson, Inge Söderkvist und Per-Åke Wedin: „Algorithms for Constrained and Weighted Nonlinear Least Squares“. *SIAM J. Optim.* Vol. **7**, No. 1 (1997), S. 208–224. DOI: `10.1137/S1052623493248809`.

[9] Subhendu Bikash Hazra: *Large-scale PDE-constrained optimization in applications.* Springer-Verlag Berlin Heidelberg, 2010. ISBN: 978-3-642-01501-4.

[10] Eastman N. Jacobs, Kenneth E. Ward und Robert M. Pinkerton: „Report No. 460 - The characteristics of 78 related airfoil sections from tests in the variable-density wind tunnel“. *NACA* (1933).

[11] C. T. Kelley: *Iterative Methods for Linear and Nonlinear Equations.* SIAM Philadelphia, 1995. ISBN: 978-0-898713-52-7.

[12] LAPACK Documentation. 30. Apr. 2014. URL: `http://www.netlib.org/lapack/explore-html/`.

[13] ANDREAS MEISTER: *Numerik linearer Gleichungssysteme.* 4. Auflage. Vieweg+Teubner Verlag, 2011. ISBN: 978-3-8348-1550-7.

[14] ANDREAS MEISTER: „Zur zeitgenauen numerischen Simulation reibungsbehafteter, kompressibler, turbulenter Strömungsfelder mit einer impliziten Finite-Volumen-Methode vom Box-Typ". Dissertation. Technische Hochschule Darmstadt, 1996.

[15] ANDREAS MEISTER und JENS STRUCKMEIER: *Hyperbolic Partial Differential Equations.* Vieweg+Teubner Verlag, 2002. ISBN: 3-528-03188-3.

[16] SIGRUN ORTLEB: „Ein diskontinuierliches Galerkin-Verfahren hoher Ordnung auf Dreiecksgittern mit modaler Filterung zur Lösung hyperbolischer Erhaltungsgleichungen". Dissertation. Universität Kassel, 2011.

[17] M. J. D. POWELL: „Some algorithms for thin plate spline interpolation to functions of two variables". *Advances in Computational Mathematics.* Hrsg. von H.P. DIKSHIT und C.A. MICCHELLI. World Scientific (Singapore), 1994, S. 303–319. ISBN: 978-9-8102-1633-7.

[18] YOUCEF SAAD und MARTIN H. SCHULTZ: „GMRES: A Generalized Minimal Residual Algorithm for Solving Nonsymmetric Linear Systems". *SIAM J. Sci. and Stat. Comput.* Vol. **7**, No. 3 (1986), S. 856–869. DOI: 10.1137/0907058.

[19] ELEUTERIO F. TORO: *Riemann Solvers and Numerical Methods for Fluid Dynamics.* 2. Auflage. Springer Verlag Berlin Heidelberg New York, 1999. ISBN: 3-540-65966-8.

[20] K. VEROY und A. T. PATERA: „Certified real-time solution of the parametrized steady incompressible Navier-Stokes equations: rigorous reduced-basis a posteriori error bounds". *Int. J. Numer. Meth. Fluids* Vol. **47**, (2005), S. 773–788. DOI: 10.1002/fld.867.

[21] YASUHIRO WADA und MENG-SING LIOU: „An Accurate and Robust Flux Splitting Scheme for Shock and Contact Discontinuities". *SIAM J. Sci. Comput.* Vol. **18**, No. 3 (1997), S. 633–657. DOI: 10.1137/S1064827595287626.

[22] HOMER F. WALKER: „Implementation of the GMRES Method Using Householder Transformations". *SIAM J. Sci. and Stat. Comput.* Vol. **9**, No. 1 (1988), S. 152–163. DOI: 10.1137/0909010.

[23] PIETER WESSELING: *Principles of Computational Fluid Dynamics.* Springer Verlag Berlin-Heidelberg, 2001. ISBN: 978-3-540-67853-3.

[24] RALF ZIMMERMANN, ALEXANDER VENDL und STEFAN GÖRTZ: „Reduced-Order Modeling of Steady Flows Subject to Aerodynamic Constraints". *AIAA Journal* Vol. **52**, No. 2 (2014), S. 255–266. DOI: 10.2514/1.J052208.

Printed in the United States
by Baker & Taylor Publisher Services